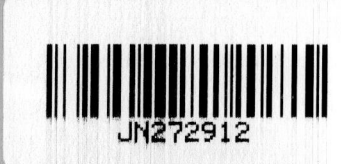

都市・地域エネルギーシステム

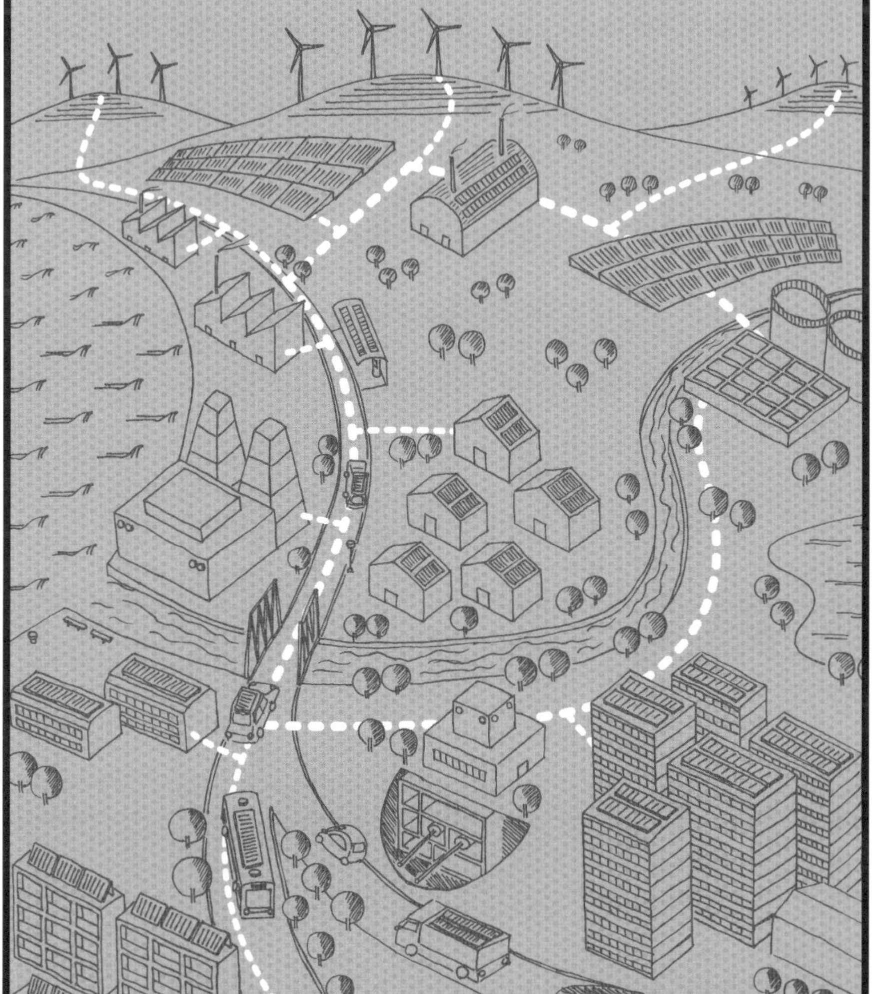

佐土原 聡・村上公哉・吉田 聡・中島裕輔・原 英嗣 共著

鹿島出版会

はじめに

1990年代以降、地球環境問題が人類共通の課題としてクローズアップされ、化石燃料の消費による二酸化炭素（CO_2）の発生がもたらす気候変動対策として低炭素都市・地域づくりに世界の大都市が競って取り組んでいる。また日本では、2011年3月11日に発生した東日本大震災を契機に、エネルギー消費にともなうリスクを低減することの重要性が認識されて、その取り組みに拍車がかかるとともに、災害時にも機能を維持することができる自立的なエネルギーシステムの整備が強い関心の的となっている。このような地球環境問題や災害などの課題に対応した都市・地域づくりの重要な鍵を握っているのが、本書の表題となっている「都市・地域エネルギーシステム」である。

「都市・地域エネルギーシステム」とは、冷水、温水、蒸気を搬送する「熱供給網」で、複数の建物を対象に冷暖房給湯に必要な熱を供給する設備（「地域冷暖房」とも呼ばれる）を有したエネルギーシステムと定義される。暖房給湯の「熱供給網」は、欧米ではすでに100年以上の歴史がある。日本では従来からの電気とガスの公益事業に加え、1970年の大阪万国博覧会で地域冷房が行われたのを契機に、第三の公益事業となる「地域熱供給事業」として冷暖房給湯の「熱供給網」が整備されてきた。

熱供給網の拡がりのスケールは、日本では建物2～3棟から、大きいもので複数の街区を合わせた程度であるが、欧米では数km～十数km四方におよぶ都市規模のものも多い。「都市・地域エネルギーシステム」では、建物の熱源設備が集約化され、複数の熱源設備同士を相互融通でき、都市内の未利用エネルギー、熱と電気を同時に発生させるコージェネレーションを組み込むことができるなど、従来からの電力、ガス供給網に熱供給網が加わることで、地球環境問題や災害に対応したこれからの都市・地域に求められる、多様なエネルギーマネジメントが可能になる。

いまや、建築や都市空間のデザインに環境配慮や災害対策といった視点は欠かすことができない。本書は、空間のエンドユーザーにその性能を提供する役割を担うすべての人にむけ、大学の学部学生、大学院生から、自治体をはじめとした政策策定に関わる方々、実務に携わる方々まで、広くお読みいただけるような入門書とした。エネルギーと自然環境・社会環境との関わりにはじまり、都市・地域エネルギーシステムの計画や技術に関する基本的な知識、ベストプラクティスとなる国内外の実例の紹介により構成されている。なお、日本では地域熱供給事業の歴史がわずか 40 年あまりであり、この分野の専門用語は十分に整理されているとはいいがたく、1 つの内容に複数の用語が使われるなどわかりにくい場合が多々あるが、あえてその実情を理解いただくためにも、用語を統一していないことをお断りしておく。本書が、これからの「都市・地域エネルギーシステム」の推進に貢献することを願いたい。

著者代表　佐土原 聡

［基礎編］

第Ⅰ部 自然環境、社会環境とエネルギー

［実用編］

第Ⅱ部 都市・地域エネルギーシステム

[実践編]

第III部 都市・地域エネルギーシステムの実践

第 I 部

自然環境、社会環境とエネルギー

［基礎編］

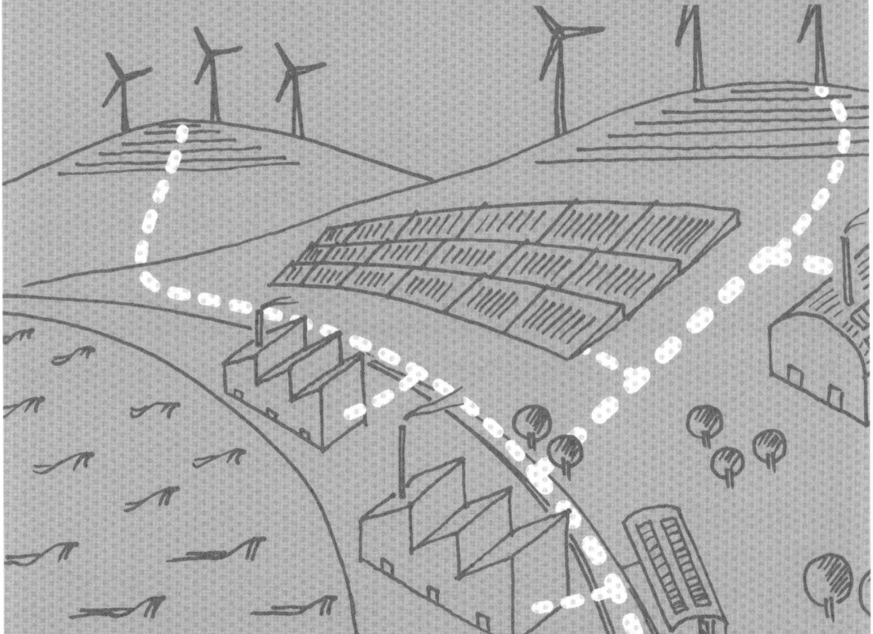

1
身近な生活とエネルギー

エネルギー消費の歴史と課題

エネルギーは私たちの生活を支える基本的な資源である。私たちの体の活動が食料から摂取するエネルギーで支えられているのと同様に、生活の場やさまざまな活動がエネルギーによって支えられている。

人類の誕生は400万年前ともいわれるが、エネルギーとの関わりは160万～120万年前の火の使用からといえよう。おもに薪など木材を燃料とする時代が長期にわたって続いたと考えられるが、18世紀後半にワットの蒸気機関の発明に象徴される産業革命が起こり、石炭の利用により人類が消費するエネルギー量が飛躍的に増加して、めざましい科学技術の発展をもたらした。以降、化石エネルギーをはじめとしたエネルギーの消費増大に支えられ、より豊かな生活が求められ、実現して、今日にいたっている。この間のエネルギー消費の伸びは図1-1のように、産業革命以降、急激な上昇カーブを描いている。今日では、日本人1人あたりの年間エネルギー消費量120GJは大人が食料から摂取するエネルギー量の約30倍に相当する。

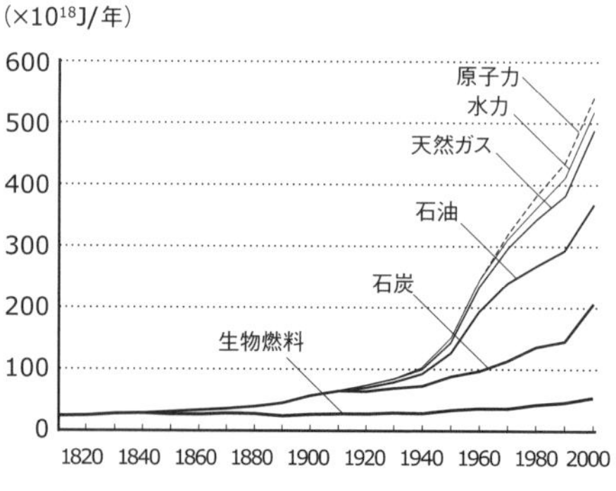

図1-1　19世紀以降のエネルギー消費の伸び
(出典:BP社資料)

エネルギーはさまざまな面で私たちの生活を支えている。それらは国の統計では家庭や職場などの建築空間に必要な動力や照明、冷暖房給湯などの「民生用」、人の移動、物流などの「交通用」、工場での生産活動に消費される「産業用」に分けられている。

エネルギーが私たちに使える形で提供されるためには化石燃料をはじめとしたエネルギー源を生産、運搬し、それを利用しやすい形態に変換し、需要地まで輸送するためのハードな設備と、安全で安定的に供給するために、それらのハードを運営・維持管理するソフトな仕組みが必要である。

また、エネルギーの消費によって私たちが恩恵を受けるのと引き換えに窒素酸化物（NO_x）、硫黄酸化物（SO_x）、二酸化炭素（CO_2）などの大気汚染物質の排出、エネルギーの最終形態の廃棄物である排熱などが発生し、環境に負荷を与えるので、自然環境のバランスを崩さない上手なエネルギーの使い方が求められる。最終形態の廃棄物と表現したのは私たちが使うエネルギー、例えば建物内での照明やコンピュータ、エレベータなど

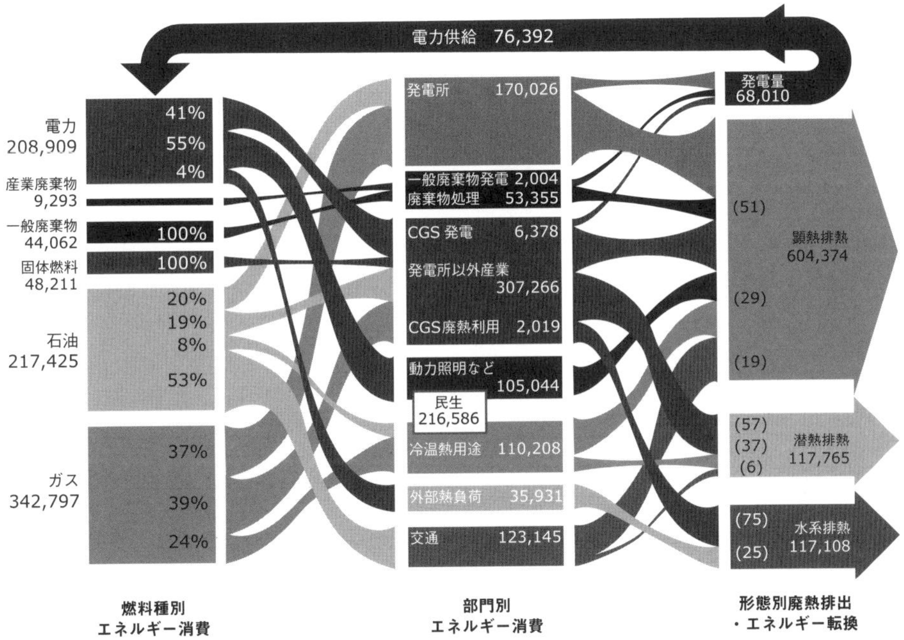

図1-2　大阪府の年間エネルギーフロー(単位:TJ/年)
(出典:下田吉之ほか「大阪府におけるエネルギーフローの推定と評価、都市における物質・エネルギー代謝と建築の位置づけ その2」『日本建築学会計画系論文集』第555号、2002年5月、pp.99-106)

に使う電力も最終的にはすべて熱に変わり、環境中に放出されるからである。建物が集中している都市域では、エネルギー消費にともなう排熱の密度が高く、ヒートアイランドの要因の1つになっている。また温室効果ガスであるCO_2は地球温暖化、気候変動という地球環境問題を引き起こす要因と考えられている。このようにエネルギーの消費は環境負荷をともなうことから、環境負荷をいかに低く抑えながら、エネルギーを上手に使うことができるかが課題であり、そのための都市や地域づくりの工夫が重要である。

エネルギー源から必要な形態に変換して利用しているエネルギーの、その後の廃棄にいたるまでのフローの例を大阪府に関して示したものが、図1-2である。電力、ガス、石油などのエネルギーを産業や発電用、交通用、民主用に消費して、多くは大気中に顕熱（気温が上昇する際に要する熱)、潜熱（水が水蒸気に変化する際に要する熱）の形で放出されるが、一部、下水などの水とともに放出されるものもあることがわかる。

1990年以降、地球温暖化・気候変動、生物多様性喪失といった地球環境問題が顕在化し、深刻化しているが、地球環境の有限性を人類が認識して対応を迫られている状況は、私たちの文明、特に地球環境の最大の原因者である都市を中心とした文明が、産業革命以来、あるいは人類はじまって以来の大きな転機を迎えているということができる。

2
自然環境とエネルギー

ここでは理学的、工学的な視点からのエネルギーのとらえ方を整理する。エネルギーの定義や性質、人間が機械の運転などに利用する視点からの評価などである。さらに、エネルギーの消費が地域環境、地球環境などの自然環境に与える環境負荷とその影響について解説する。

2-1
エネルギーのとらえ方と評価

エネルギーと「システム」

私たちは毎日、さまざまなエネルギーを使って生活をしている。住宅内では電気によって照明、エアコン、テレビ、パソコンなどを利用し、ガスを調理に、石油を暖房に、またガソリンを車に使うなど、さまざまな種類のエネルギーを使っている。エネルギーとは、「物理学的な仕事に換算しうる諸量の総称」と説明されている（『広辞苑』岩波書店）が、具体的にはどのようなものか、私たちの生活とエネルギーとの関わり、あるいは都市や地域におけるエネルギー問題などを理解するためには、どのようにとらえたらよいのだろうか。

それには、エネルギーに対する「量」と「質」の２つの視点、そして「量」に関しては、閉じた系の中においてエネルギーの絶対量は不変であるとする熱力学第一法則（エネルギー保存の法則）、「質」に関しては、熱はそれ自体では低温の物体から高温の物体へ移動できないとする熱力学第二法則をふまえる必要がある。また、これらを「システム」というキーワードと関連づけて理解することが必要である。

システムとは「個々の要素が有機的に組み合わされた、まとまりをもつ全体、系」（『大辞林』三省堂）のことであり、人体、建築、都市、地球など、私たち自身やそれを取り巻く環境はすべてシステムといえる。システムは入れ子状になっており、サブシステムが集まって、より大きなシステムが構成されている。システムには活動があり、その原動力が供給され、活動が持続している。その活動の原動力をもたらすものがエネルギーである。

エネルギーの「質」をとらえる——エントロピー

具体的な例で説明しよう。車がガソリンを消費して走行する状況を考えてみる。ガソリン１ℓを消費して車が15km走った時、走行前にガソリンタンクにあった１ℓのガソリンが、走行後は燃焼したガソリンの排気やエンジンなどから熱になって空気中に排出される。仮に車を熱が逃げない大きな袋ですっぽり覆うことができたとすると、１ℓのガソリンの熱量と、走行後の袋の中の空気に加わった熱量は等しい。つまり量としてのエネルギーは変わらない。それでは何が、車を

15km 移動させるという仕事をしたのだろうか。それを説明するために、エネルギーを「質」の面からとらえる必要がある。ガソリンは燃焼すると、1,000℃を超える高温を発生できるが、燃焼後の排気は周辺の空気と混ざり拡散して、空気の温度とあまり差がなくなる。この高温のエネルギーが低温になる過程で仕事がなされるのである。

さて、この例で取り上げた「エネルギー源」ばかりでなく、私たちが生活に必要としている照明やコンピュータの電力、入浴や冷暖房の熱などの「エネルギー需要」にも「質」の違いがある。エネルギーを有効に利用するためには需要に合った「質」のエネルギー源を供給することが重要である。入浴に必要な43℃程度の湯を製造するのに、1,000℃以上の高温で燃焼する化石燃料を使うのは、まさに「もったいない」のであり、発電時に生じる排熱を給湯に使うなどの工夫が望ましい。

なお、エネルギーの「質」に密接に関連した言葉に「エントロピー」がある。エントロピーとは乱雑さの尺度で、「今後、変化が起こる可能性の大きさが大きいほど、エントロピーが小さい」と表現される。先の車の例では、エントロピーの小さいガソリンという形態のエネルギーが、エントロピー増大の過程で、車の移動という仕事を行ったと説明できる。温度が高いエネルギーほど、エントロピーが小さい、すなわち今後変化が起こる可能性が大きく、質の高いエネルギーととらえることができる。

なお参考までに熱力学的なエントロピーの定義を表 2-1 に示す。

図 2-2 に、システムに投入されるエネルギーの流れ、その量、質の変化などを模式的に示す。図中の有効に利用されるエネルギーは「エクセルギー」とも表現される。

ところで、エントロピーの考え方は、エネルギーだけにあてはまるものではない。例えば、人体や都市に飲料水や上水が供給されて、汚れた水が排出される場合にも、エントロピーの変化としてとらえることができる（図

表 2-1　熱力学的なエントロピーの定義
（出典：北山直方『絵とき 熱力学のやさしい知識』オーム社、1998年をもとに作成）

定義	$dS = dQ / T$ 対象とする系へ微小な熱量 dQ が出入りするとし、その時の絶対温度を T として、微小な物理量 dQ / T を考える。この値を微小量 dS で表した物理量がエントロピーである
考え方	温度 T_1 の高温側から温度 T_2 の低温側へ微少な熱量 dQ が移動する時のエントロピーの状態変化量は、高温側では dQ / T_1 だけエントロピーが減少し、低温側では dQ / T_2 だけエントロピーが増加する。 ここで、$T_1 > T_2$ であるから、 $dQ / T_1 < dQ / T_2$ すなわちエントロピーは、 $dQ / T_2 - dQ / T_1$ だけ増大しているといえる

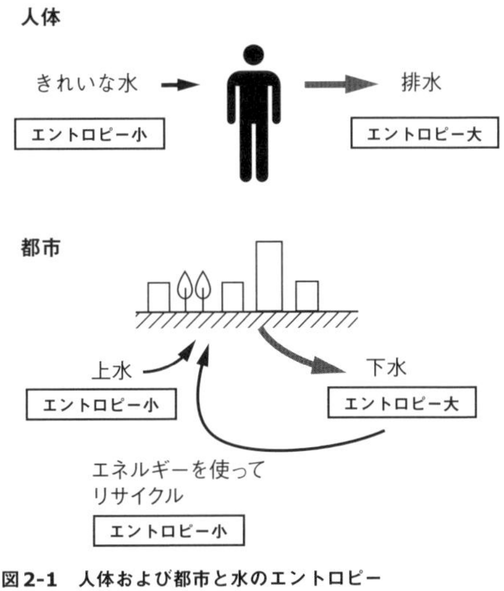

図 2-1　人体および都市と水のエントロピー

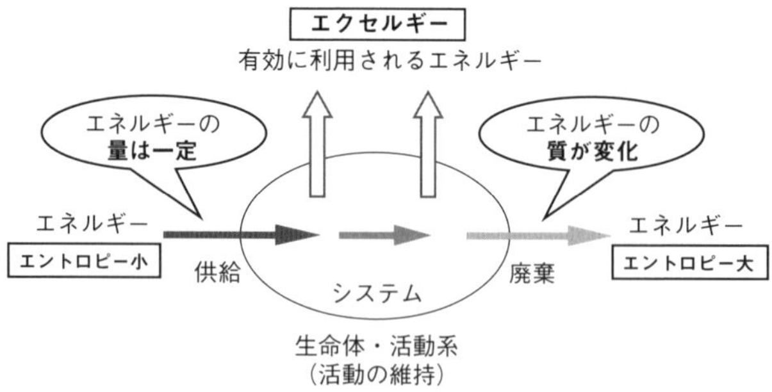

図2-2　システムとエネルギー、エントロピー
熱力学第一法則により、供給量は廃棄量に等しくなる。また、熱力学第二法則によりエントロピーは増大

2-1)。さらに、エネルギーを消費して浄化し、再利用する水のリサイクルは、エネルギーのエントロピー増大と引き換えに水のエントロピーを低減させて利用しているととらえることができる。

エントロピーの増大は必ずしも高温のものが低温に変化する場合に限らず、より低温のものが常温に変化する場合にも起こる。例えば、図2-3には室温が25℃（環境温度）の部屋でコップに60℃の湯と0℃の冷水をそれぞれ置いた場合の、湯、冷水の温度変化のイメージを示す。時間が経つにつれて両方とも次第に室温に近くなる。これらはともにエントロピーが増大したということができる。すなわち、環境温度に対して、高い方、低い方、いずれにおいても「温度差が大きい」ほどエントロピーは小さい。今後変化が起こる可能性が大きい状態である。

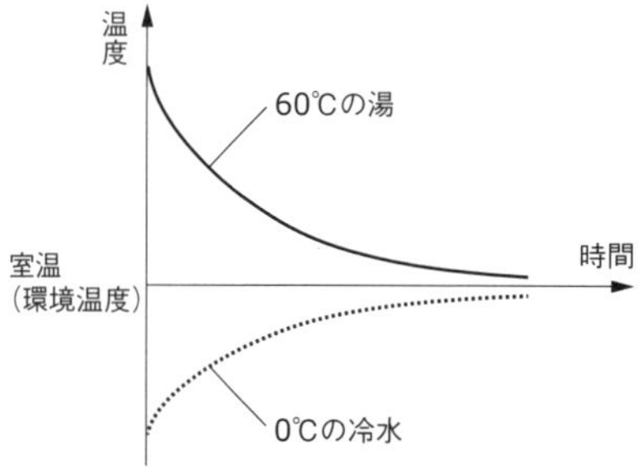

図2-3　環境温度とエントロピー

エネルギーの単位

都市・地域エネルギーシステムで扱うエネルギーの形態は、大きくまとめると熱エネルギーと電気になる。熱エネルギーはおもにジュール（J）、場合によってはワット時（Wh）で表され、電気はワット時（Wh）と表される。なお、物理学の視点から熱エネルギーを説明すると次のようになる。重さのある物体を重力に逆らって上へ持ち上げると、それは落下しながらほかのものに仕事をする。このようにある物体がほかのものに仕事をする能力がある時、「エネルギー」を持っているというが、熱エネルギーの量1ジュール（J）は、1ニュートン（N）の力が働いて、その方向に1メートル（m）動いた時の仕事量に等しい。

1 N・m = 1 J

エネルギーを使う速さを考える時は、時間

の単位は秒（s）を用いるが、1秒間に使用する熱量をジュール（J）で測定して、これを使用量の基本単位にし、ワット（W）で表す。

1 J/s =　1 W

1 W・s = 1 J

建築や都市・地域のエネルギーを問題にする際、電気の量、ガスや石油などの熱量、圧力などは、129ページに示すような単位やオーダーになる。

（この項目については、北山直方『絵とき 熱力学のやさしい知識』、オーム社、1998年より引用）

エネルギーシステムの効率

エネルギーシステムの効率は、「インプット（投入）」したエネルギーに対して、どれだけ「アウトプット」されたかという、量的な比率（アウトプット ／インプット）で表現される。

エネルギーシステムを効率という面からとらえ、評価する上で、そのインプット、アウトプットで分類して整理する必要がある（表2-2）。本書で扱う都市・地域エネルギーシステムに関しては、インプットするエネルギーは、石油やガスなどの熱の場合と電力の場合とに分けられる。また、アウトプットの面からは暖房･給湯用の温熱と冷房用の冷熱、電気と熱を同時に発生させるコージェネレーションに大別される。

なお、インプットエネルギーは、熱と電気に分類されるが、熱に関してはエネルギー源となる燃料の単位量あたり（石油などの液体であれば1ℓあたりなど、またガスなどの気体であれば1m^3あたりなど）の発熱量に基づき計算する。発熱量には発生する熱量全体を表す「高位発熱量」と、排気中に含まれる水蒸気のエンタルピー(定圧下で物質の温度、相、科学的結合状態が変化する時、その物質に出入りする熱量（『建築設備用語辞典』技報堂））を除いて有効に利用できる量を表す「低位発熱量」とがあり、効率を表現する場合に、どちらで表現されているかを明示する必要がある。

電力量（電気）の熱量換算値には、「一次エネルギー換算値」と「二次エネルギー換算値」とがある。電力量（電気）の単位はkWhなどで表すが、一次エネルギー換算値とは需要地で消費する電気を生み出すのに必要な発電所でのインプット熱量を表す値で、発電所等の効率と送電ロスを考慮したインプット熱量であり、それらの変化にともなって変わっていく数値である。現在では、1kWh = 10,800kJ程度の値が用いられている。一方、二次エネルギー換算値は電気がそのまま熱に変換された場合に発生する熱量のことで、1kWh = 3,600kJである。次項のエネルギーシステムの評価の際に、電力量の換算値に注意する必要がある。

表2-2　エネルギーシステムのインプット、アウトプットからみた分類

アウトプット ／ インプット	温熱	冷熱	電力＋温熱
熱（石油、ガスなど）	ボイラ、給湯機など	吸収式冷凍機など	コージェネレーション
電力	ヒートポンプ	ターボ冷凍機	―

表 2-3　エネルギーシステム機器の働きや効率の考え方

機名	機器の働き	効率の考え方
ボイラ・ 給湯設備 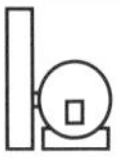	燃料を燃焼させて蒸気、 温水を発生させて供給	・インプットした熱に対して、得られた温熱で評価 ・効率はつねに 1.0 未満
ヒートポンプ 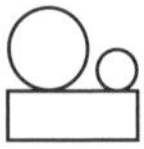	低温側から熱を汲み上げて 高温側に運ぶ。 熱源により空冷式と水冷式 の 2 種類がある	・インプットした電力量の二次エネルギー換算値に対して、 得られた温熱で評価 ・効率は成績係数（COP:Coefficient of Performance） と呼ばれ、1.0 を超えるのが通常で、 5 ～ 10 という値も取りうる
吸収式冷凍機 	加熱することによって冷凍 を行い、冷水供給などを 行う	・インプットした熱に対して、得られた冷熱で評価 ・高効率なものでは 1.5 を超えるものも出てきている
ターボ冷凍機 	遠心式の圧縮機で冷凍を 行い、冷水供給などを行う	・インプットした電力量の二次エネルギー換算値に対して、 得られた冷熱で評価 ・効率はヒートポンプと同じく成績係数（COP）と呼ばれ、 1.0 を超えるのが通常で、5 ～ 10 という値も取りうる
コージェネレーション （CGS） 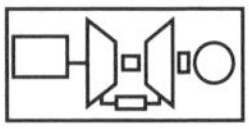	燃料を燃焼させ、熱と電気 の両方を発生させる	・評価の考え方はさまざまあり、図 2-4 を参照

エネルギーシステムの機器

それぞれの機器の働きとシステムの効率の考え方、定義は表 2-3 のとおりである。

コージェネレーションシステムは、電気と熱を同時に発生させるシステムである。先に述べたとおり、電気と熱は質の異なるエネルギーであるため、それをどのように評価するかは大きな議論が起きるところである。ここでは、エネルギーシステムの効率を算出する場合にコージェネレーションシステムにインプット（投入）した燃料を、得られた（アウトプットとなる）電気と熱にどのように配分するかについて、a. ～ d. の 4 とおりの考え方を提示する（図 2-4）。どの方法を採用するかは、評価する視点、立場などによって異なってくる。

a. CGU（コージェネレーションユニット）
出力基準按分法

コージェネレーションで得られた電気（電力量）、熱の二次エネルギー換算熱量の比率によって、投入したエネルギーを比例配分する。電気への投入エネルギーが小さめに、熱への投入エネルギーが大きめに評価される。

b. 代替発電･排熱システム入力基準按分法

コージェネレーションで得られた電気（電力量）、熱の一次エネルギー換算熱量の比率によって、投入したエネルギーを比例配分する。電気への投入エネルギーが大きめに、熱への投入エネルギーが小さめに評価される。

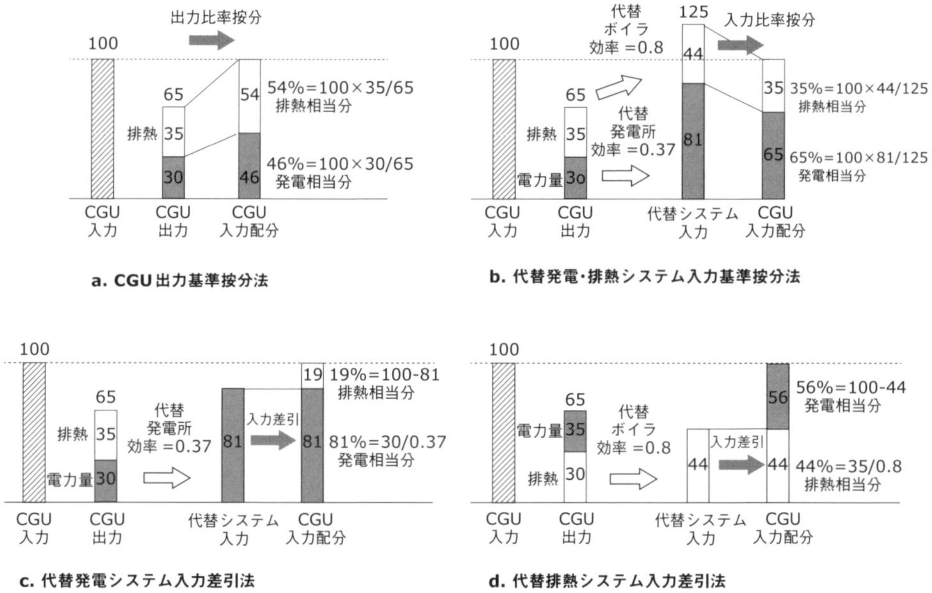

図2-4　コージェネレーションの入力一次エネルギーの配分方法の概念図
(出典：村上公哉ほか「コージェネレーション効率の評価法に関する研究(第3報)コージェネレーションの発電電力と排熱の一次エネルギー換算方法とその適用が熱源システムの効率に与える影響」『空気調和・衛生工学会大会学術講演論文集』、2007年)

c.代替発電システム入力差引法

コージェネレーションで得られた電気（電力量）の一次エネルギー換算熱量を、投入したエネルギー量から引いて、残りを熱への投入エネルギーとする。コージェネレーションで得られるメリットを、すべて熱に反映する考え方である。

d.代替排熱システム入力差引法

コージェネレーションで得られた熱の一次エネルギー換算熱量を、投入したエネルギー量から引いて、残りを電気への投入エネルギーとする。コージェネレーションで得られるメリットを、すべて電気に反映する考え方である。

通常、地域エネルギーシステムは上記の各機器が合わさってさらに冷却塔、補機などを含めて熱源システムが構成され、二次側への搬送システムなども含めてシステム全体が構成される。これらをそれぞれ「熱源システム効率」、「システム総合効率」などと呼ぶが、これらの効率は、電力量を一次エネルギー換算したものと燃料の熱量換算したものを合わせて分母に、供給された冷熱、温熱の絶対値を加えたものを分子にして計算する。

2-2
地球環境とエネルギー

エネルギー面からみた建築・都市・地球システムの入れ子構造

私たちが地球上で利用しているエネルギーは、原子力を除けば、多くは太陽からの日射を源にしており、一部、地熱や温泉、海洋深くの熱噴出口にとりついて生きている生物など、地球内部から地表面に出てくるエネルギーを源にしているものもある。石炭や石油、天然ガスなどの化石燃料は、数億年前の太陽エネルギーが蓄積されたものであり、木材は太陽エネルギーを数十年程度蓄積したものである。

太陽からのエネルギーが地球上に放射され、エントロピーの増大をともないながら消費されて廃棄物である熱となって廃棄される流れを示したものが図 2-3 である。人体、建築、都市、地球、それぞれのスケールの領域で、エネルギーのエントロピーが増大しながらさまざまな仕事をするという、同じ原理で活動が支えられている。

図 2-3 にはエネルギーのほかに、システムの活動に必要な水、資源、情報を含めて示している。水は、きれいな状態のものを私たちが利用することで汚れるが、自然界や下水処理施設などで、太陽などを源とするエネルギーで再びきれいな状態にもどるなど、水、資源はエネルギーのエントロピーの増大と引き替えに循環している。エネルギーを効率的に利用するということは、いかにエントロピーの増大を抑えながら、それを仕事に有効に活かすかを意味している。

地球規模からみた環境問題と災害の相互関係

私たちの生活の場である都市域などでの膨大なエネルギー消費にともなう二酸化炭素（CO_2）の発生は、地球規模の温暖化、気候変動の原因になると考えられる。地球規模の

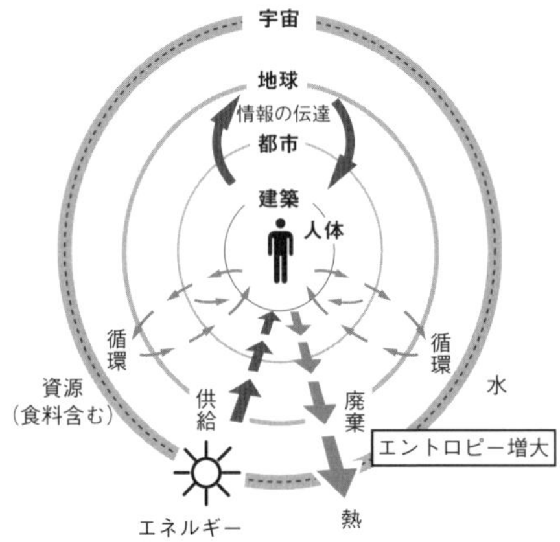

図 2-3　建築・都市・地球システムの入れ子構造

温暖化・気候変動の影響がどこにどのように顕れるかは現在のところ、まだ十分な知見が得られていないが、ふたたび地域にかえって、高温化や短時間の大雨や乾燥化など、極端な気象となって顕れる。すなわち地域にとっての災害リスクを高める形で顕在化するといえる。都市域でのエネルギー消費にともなう排熱がもたらすヒートアイランド現象がこれに重なって、さらに深刻な事態となる。

地球環境問題のもう1つの大きな課題である生物多様性の喪失についても次のような連鎖から、災害に対する脆弱性を増大させると考えられる。すなわち、都市域を中心とした食料や建設資材などの大量の生物資源の利用は、経済のグローバル化の中で地球規模の国際取引を牽引する要因となる。その影響で生物資源の生産国では、森林を切り開いて農地を確保し、農薬や肥料の多投入によって生態系のバランスを崩した形で生産活動が行われている。一方、日本のように生物資源の輸入国では、海外からの安価な輸入品によって農林業が成り立たなくなり、戦後の拡大造林で植林が進んだ森林に手が入らなくなって、本来、管理が必要な人工林が放棄されることで、森林生態系が荒廃している。農地に関しても放棄農地が増大し、生態系がもつ私たちの生活にとって有用な機能を発揮できなくなっている。

こうして荒廃している生態系は、本来、森林がもっている大雨や地震時のがけ崩れ防止

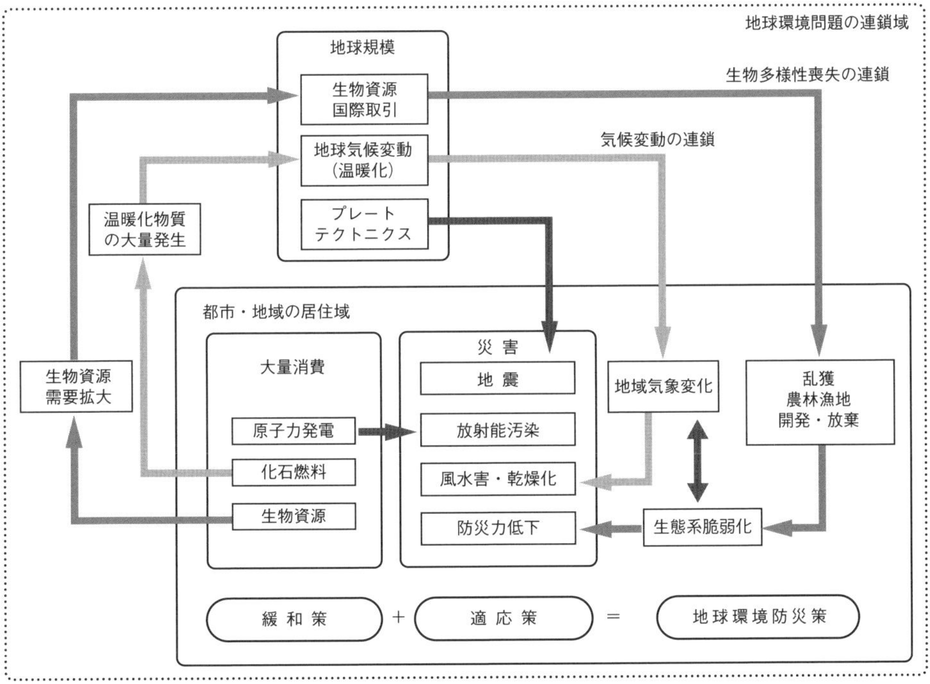

図2-4　地球環境・防災の関わりの概念図

機能や、都市近郊農地の気候調整機能などが失われ、災害に対して脆弱になっているところに、地球温暖化・気候変動にともなう極端気象や大地震の発生が重なり、被災が増幅されるのである。

以上の関係性を整理したものが図 2-4 である。図中で示されている関わりの一例として、化石燃料の消費を抑えるために原子力発電の利用を進めたところ、地震による被災で放射能汚染が顕在化したのが、2011 年 3 月の東日本大震災における原子力発電所の被災である。エネルギー消費によって生活の利便をはじめとしたさまざまなベネフィットを得るが、それには負の側面もあって、エネルギー消費がもたらすリスクをどう管理するかが問われているといえる。ベネフィットとリスクのトレードオフをどうバランスをとって計画やデザインを行っていくかが重要である。

求められる地球環境問題と
災害への対応を総合したアプローチ

以上をふまえると、空間のエンドユーザーである生活者に、その性能を提供する立場にある建築や地域・都市づくりの分野は、その空間デザインにおいて、気候変動を軽減する「緩和策」となる省エネルギー・省 CO_2 の実現、気候変動にともなう極端気象、生物多様性喪失にともなう災害への脆弱化、人間の力では発生を阻止できない地震などの災害への「適応策」をともに備えたものを総合的な解として提示する役割がある。本書の対象である都市・地域エネルギーシステムを計画する上でも、このような視点から、省エネルギー・省 CO_2 を実現するとともに、被災時にも供給が途絶えにくい、供給信頼性の高いエネルギーシステムをどのようにつくりあげるかを考える必要がある。

3 社会環境とエネルギー

都市・地域のエネルギーシステムを社会環境との関係で考える場合、大きくは人間社会の歴史的な大きな流れからとらえるとともに、現在、直面している社会的な課題もふまえたエネルギーシステムのあり方を考え、それを構築・運営・管理していくための社会環境の整理が重要である。本章ではこのような視点から、世界のエネルギー情勢と日本のエネルギー行政・エネルギー政策、エネルギーシステムが備えるべき性能、都市計画やまちづくりの中での都市・地域エネルギーシステムの位置づけと、進めていくための仕組みの方向性など、社会環境とエネルギーについてまとめている。

3-1 エネルギー情勢および行政・政策

世界・日本のエネルギー情勢

産業革命以降、急激に増大してきた化石エネルギーの消費であるが、当初、石炭からはじまり、石油、天然ガスと、しだいに水素分の多い化石エネルギーへ移行しながら、石油ショック以降は、供給の不安定さにも対応して、エネルギー源の多様化が進んできた。ベルリンの壁が崩壊した1989年以降、地球環境問題がクローズアップされ、1992年のブラジル・リオデジャネイロサミットにおいて、初めて地球温暖化・気候変動と生物多様性喪失の二大問題が世界共通の地球環境問題として国際舞台で取り上げられるにいたった。

産業革命以来、無制限な環境容量の中で、人類は科学技術文明を発展するがままにまかせて、都市の発展を謳歌してきた。しかし、ここに来て初めて地球環境の有限性という制約条件下で、都市文明を根本から見直さなければならないという、文明の転機を迎えている。したがって、許される二酸化炭素（CO_2）排出量の中で発展を実現する必要があり、これまでの「フォアキャスティング」から、制約条件を満たすためにどのくらいの省エネルギー、省CO_2に取り組まなければならないかというシナリオを描いて進める「バックキャスティング」の文明にシフトする必要がある。そのような大転換の波の中で、私たちの建築・地域・都市を身近な足下から再構築しなければならない状況におかれているのである。

日本のエネルギー消費は、戦後、高度経済成長とともに増大し、石油ショックで一時的に伸びが鈍化したが、その後もさらに増加した。1990年以降の部門別のエネルギー消費の変遷をみたものが図3-1である。エネルギー消費は建築物に関わる家庭および業務そのほかの「民生部門」、交通・物流に関わる「運輸部門」、工場での生産に関わる「産業部門」に大別される。1990年以降、産業部門は横ばいかやや減少しており、運輸部門は

1997年頃より伸びが止まっている。それに対して民生部門は依然として増加を続けており、特に都市域での省エネルギー、省CO_2の対策が重要であることがわかる。

エネルギー供給に関わる政策や事業に責任をもっているのは経済産業省であるが、都市においてエネルギーをエンドユーザーが使う場は建築空間や都市空間であることから都市整備に関わる国土交通省が、またCO_2の削減などの環境への影響低減、環境保全面からは環境省がそれぞれ担当している。そのため、都市・地域のエネルギーシステム構築には省庁の壁を超えた連携が必要となる。直接、事業の遂行に関わってくる基礎自治体においても、エネルギーに関わる部局として一元化されたものは設置されていないのがほとんどであり、関連する多部局間の調整、部局横断の取り組みが求められる。

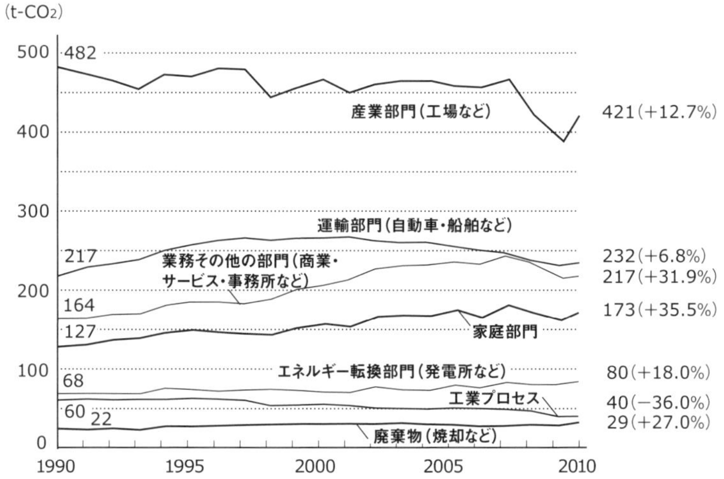

図3-1　国内の二酸化炭素の部門別排出量(電気・熱配分後)の推移。(　)の数字は各部門の2010年度排出量の基準年排出量からの変化率を示す
(出典:国立環境研究所)

3-2

エネルギーシステムが備えるべき性能

要求性能と環境負荷低減の両立

都市・地域および建築のエネルギーシステムを計画する上で、考えなければならない視点は大きく2つある。

1つは、人が求めるエネルギーへの要求を満たすシステムとすることである。都市・地域・建築で消費されるエネルギーの多くは、知的な生産活動や生活のため使われている。そして建物の種類などによってエネルギーへの要求は異なる。例えば病院建築であれば、住宅に比べると、高度な医療機器や入院患者のための冷暖房など多くのエネルギーが必要であり、また災害時にけが人などへの対応が必要となるので、災害時にもエネルギー供給が途絶えない、高い信頼性が求められる。このように、どのようなエネルギーを、どのくらいの量、どの程度の供給信頼性をもって供給するかといった要求性能を明らかにし、それを満たすことができるエネルギーシステムを計画する必要がある。

もう1つは環境への影響をできるだけ小さくできるエネルギーシステムを計画することである。エネルギー消費によって生じる環境負荷は、地球温暖化、気候変動を引き起こす要因になると考えられているCO_2および窒素酸化物（NOx)、硫黄酸化物（SOx）などの排出、および都市のヒートアイランド化の要因の1つと考えられる排熱がある。環境の視点からは、エネルギーシステムは効率的で、必要とするエネルギー量、および排熱量が小さく、またCO_2の発生量も小さいシステムとする必要がある。そのための基本的な方向は、エネルギーの質に合ったエネルギー源によって、適材適所のエネルギー供給を行うシステムの構築である。

「集中」か「分散」か

これらの要求性能に影響するエネルギーシステムの特性に、「集中」と「分散」の視点がある。これは特に電気、熱に関して問題になるもので、ガスや石油などの燃料を、どこで電力、熱に変換して、需要地となる建物に供給するか、そのスケールが問題となるのである。発電や熱製造のシステムは、規模が大きいほど効率が高い傾向があるため、集中した方が望ましいが、製造した電気や熱を需要地まで届ける過程で、電気は送電ロスが、熱は熱損失や搬送動力が問題となり、広範囲に搬送することは不利になる。なお、地域の需要密度が高ければ、その度合いは小さくなる。また熱に比べて電気の方がより広範囲に搬送が可能である。

一方、地震などの災害を考えると、大規模集中型よりも分散型の拠点を設けて、それらを相互に連携した方が有利になるとも考えられる。最近の技術的な進歩により、比較的規模が小さくても効率の高いシステムが出てきており、必ずしもスケールメリットが得られるとはいえない場合もある。以上のように「集中」「分散」の視点は重要であり、地域特性をふまえた、適正な計画を行う必要がある。

3-3
まちづくり・インフラの中のエネルギーシステム

建築や都市と一体にエネルギーを考える

これまで建築・都市・地域で使われるエネルギーは電力会社からの電気やガス会社からのガス、および石油がほとんどであり、その供給施設の計画や設計は、電力会社、ガス会社任せになっていた。エネルギー事業者は需要家に対して平等性、安定供給に努めるという考え方が基本であった。

しかし、低炭素地域づくりへの社会的要請や防災的な観点から、太陽エネルギーやごみの排熱の利用、分散型電源の導入など、建築自体がエネルギーを生み出す、あるいは需要地に近い地域にある未利用エネルギーの活用が求められるようになってきた。建築や地域の特性を生かして、このような状況に対応した地域づくりを進めるためには、これまでのような電力会社やガス会社任せではなく、建築の設計者や都市計画者、自治体など、建築や地域づくりに関わる人たちが、エネルギーの使い方を左右する建築や地域の計画、あるいは建築や身近な地域内でのエネルギー関連施設の設置やスペースの確保など、エネルギー利用やそのためのインフラ計画に関わる必要が出てきた。

都市づくりの方向性も、人口減少超高齢社会を迎えて、コンパクト化にむけた再構築が進んでいる。建築単体でのエネルギーへの取り組みはもちろんできる限りのことを進めていく必要があるが、コンパクトシティならではの特性を生かした、地域的なエネルギーシステムを構築する好機である。具体的な内容については、48ページからの6章「これからの都市・地域エネルギーシステム」で詳しく解説する。

長期の取り組みを担保する必要性

都市・地域エネルギーシステムは、従来の公共施設である土木構造物、私的な建築のどちらにも入らない、公共的な施設と考える必要がある。また、熱供給管は道路占用スペースも大きくなることから、都市計画、まちづくりと一体となって進めていくことが必要である。さらには長期間にわたる建物や設備の新設・更新とともに施設構築を進めるため、自治体が主体的に取り組む必要があり、マスタープランの中にうまく組み込んでいくなどにより、長期の取り組みを担保する必要がある。さらには、施設のハード面だけでなく、それを構築し活用していくためのソフトな仕組みづくりも重要となる。

政策的な対応として、国土交通省は2010年度に低炭素都市づくりガイドラインを作成して、全国自治体にその利用を働きかけている。また経済産業省も2011年度に「まちづくりと一体となった熱エネルギーの有効利用に関する研究会」を組織して検討を行った。そして2012年8月には、「低炭素まちづくり法」が成立し、本格的にエネルギーの視点を入れた都市計画の仕組みが動き出すことになった。

第Ⅱ部

都市・地域
エネルギーシステム

［実用編］

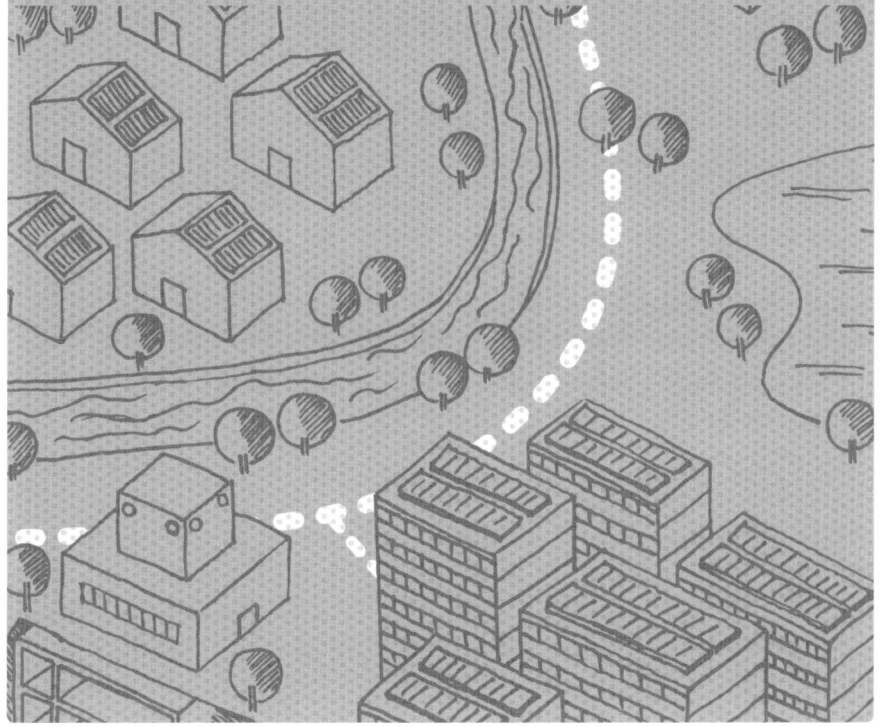

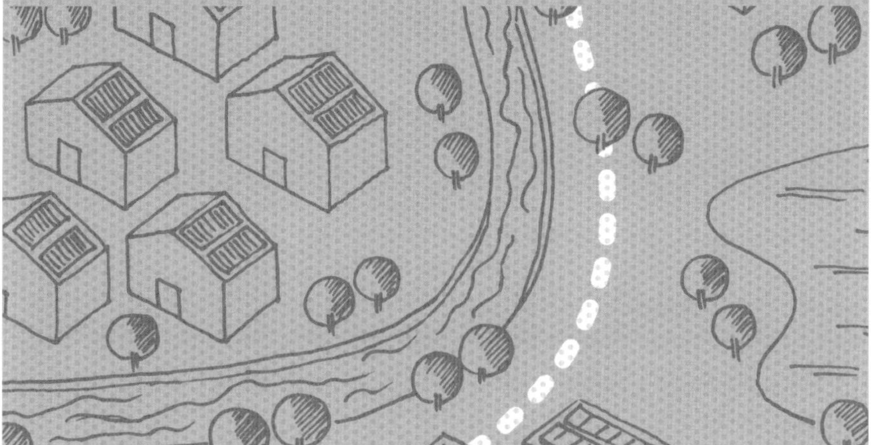

4
エネルギーの流れと需給構造

4-1
エネルギー供給の流れ

建物で利用されるエネルギー形態

私たちは、生活の中でエネルギーをさまざまな形態に変換し、利用している。建物に利用される代表的なエネルギーの形態は、供給側として電気、ガス、油、冷熱、温熱が、需要側としては光、信号、音、熱などがある。建物に供給された電気、ガスは設備（もしくは装置）によって、必要な形態に変換され、最終的に熱となり建物外に排出される。

建物に供給されるエネルギーは、その設備に応じて都市インフラより供給される。特に業務系（事務所）ビルでは、空調設備の方式や熱源機器の種類により大きく異なる。一般的に小規模ビルの場合、マルチ型空気熱源ヒートポンプパッケージユニット（通称：ビルマル）が多く、建物内で使用されるエネルギーも電力のみが多い。大規模になると、ボイラ、冷温水発生機などのガス熱源機器や電動冷凍機を使用するため、電力に加えガス供給も必要とする。さらに大規模ビルが密集している地域では、地域冷暖房から熱供給を受けている場合もあり、その際は建物内に熱源設備をもたず、都市インフラが熱（冷水や温水、蒸気）が供給される。以下に、代表的な熱源設備別のエネルギーの流れを示す。

小規模事務所ビルのエネルギーの流れ

図 4-1 は、小規模事務所ビルによくみられるケースであり、建物側はすべて電気で稼働する装置のみで構成されている。図中の上図は、エネルギーのつながりを表し、下のフロー図は、エネルギーを熱量換算した場合のエネルギー収支を表している。エネルギー収支の数値は、おおよその目安である。

電気は、都市部から離れた発電所で、原油や LNG（液化天然ガス）などの燃料を用いてつくられる。投入燃料を熱量換算したエネルギー量を 100 とした場合、火力発電で電気に変換できるのは、そのうちの 40 程度である。残りの約 60 のエネルギーは、大気に熱として捨てられている。またその際に、発電所からは、燃料を燃焼した結果発生する二酸化炭素（CO_2）や窒素酸化物（NO_x）などの排ガスも大気中に放出される。

つくられた電気は、建物まで送電線を用いて供給される。発電所からの電気は、高圧で送られ、都市部に近づくに従い使用可能な低い電圧へと徐々に変圧される。高圧で送るのは、送電線の抵抗による送電ロスを抑えるためである。よって最終的に建物側に届く電気は、はじめの投入エネルギーに対して発電時に捨てられる 60 と 5 程度の送電ロスを差し引いた 35 程度となる。

建物に引き込んだ電気は、建物内の受変電設備を用いて使用可能な電圧に変圧され、各

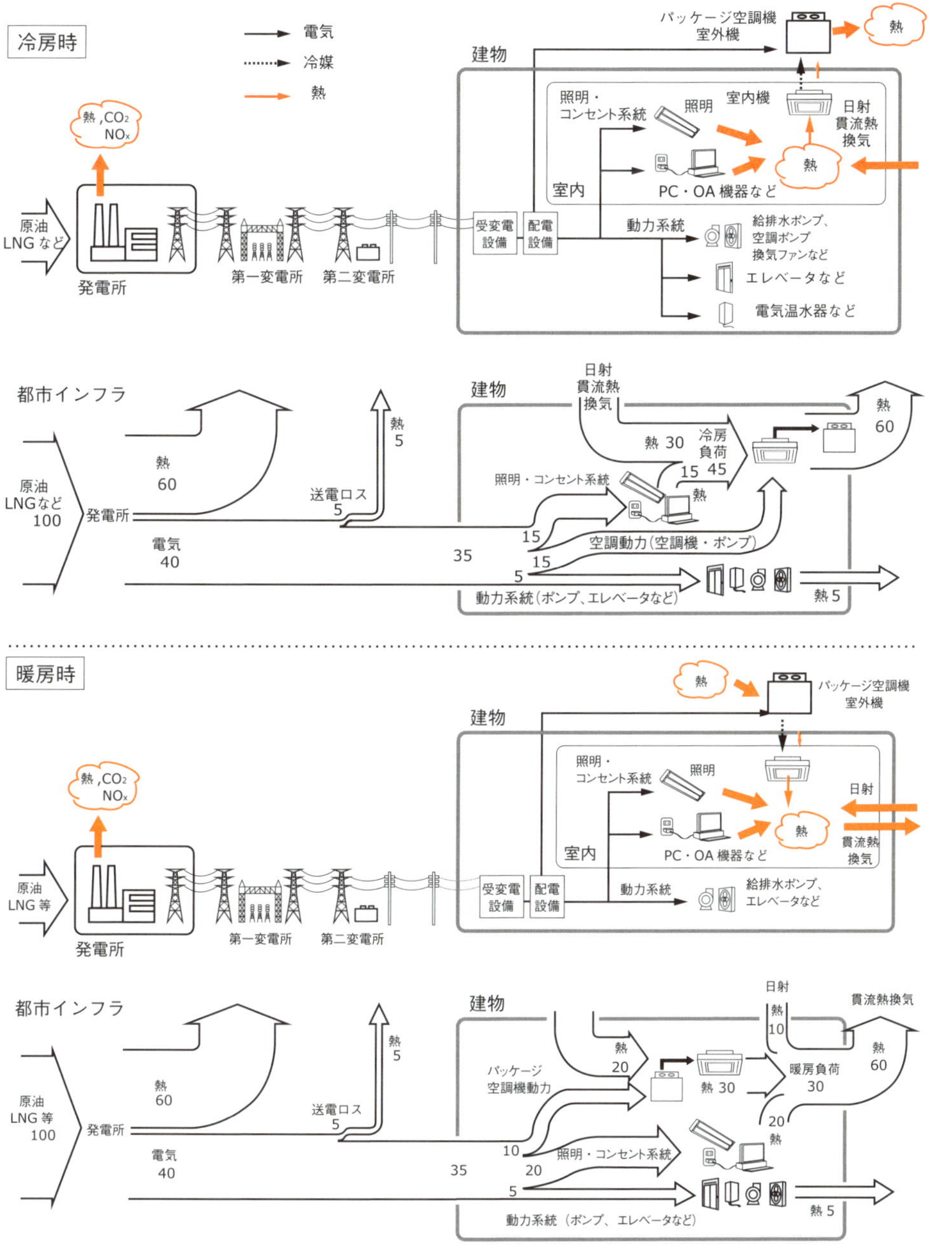

図4-1　小規模事務所ビルにおけるエネルギーの流れ。上は、冷房時のエネルギーの流れを、下は、暖房時の流れを表す

設備で使用される。建物内の電気は、おもに照明･コンセント系統、パッケージ空調系統、動力系統に分かれ、それぞれの比率は、冷房時で4：4：2程度である。動力系統の電気は、おもにエレベータの動力や、給排水ポンプ、換気用ファン、電気給湯器のエネルギー源として利用され、最終的に熱となり建物外に自然排出される。照明・コンセント系統の電気は、室内の照明、PCやOA機器などのエネルギー源として利用され、こちらも最終的に熱になり、室内側に放出される。

冷房時、照明やPC、OA機器から放出される熱は、室内空気を暖める要素となる。また、窓や外壁を通して、日射や貫流熱（外壁や窓を通して、室内側に流入する外の熱）、換気にともなう外部空気の流入により、室内空気が暖められる。冷房とは、これらの熱を外に排除することを意味している。小規模事務所ビルに用いられているパッケージ空調機は、電気エネルギーにより、室内機を通じて室内側からこれらの熱を汲み上げ、最終的に室外機から、汲み上げた熱を大気に放熱させる。その放出熱量は、室内側から汲み上げた熱に、パッケージ空調機が使用した電気エネルギーを加えたものである。

暖房時、パッケージ空調機は、大気から採熱し、パッケージ空調機の使用する電気エネルギーも加わって、室内機から室内に熱として放出される。室内機から放出された熱、室内の照明、PCやOA機器から放出される熱、窓からの日射熱が室内を暖める要素となる。最終的にこれらの熱は、貫流熱と換気にともなう熱損失により大気に放出されることになる。近年の事務所ビルでは、照明やPC、OA機器からの放熱量が多いため、パッケージ空調機の暖房負荷が小さく、室内の局部的には、冬にでも冷房をすることもある。

大規模事務所ビルのエネルギーの流れ

次に大規模事務所ビルで、都市ガスを冷房に用いている場合のエネルギーの流れを図4-2に示す。大規模事務所ビルは、中央熱源方式で空調が行われているケースが多い。中央熱源方式とは、冷暖房に必要な熱を製造するための熱源機器（図では、吸収冷凍機とボイラ）と、その熱を用いて室内の空調を行う空調機で構成されている。エネルギーの流れについて、電気に関しては小規模事務所ビルと同様である。熱源機器として都市ガス主体の機器を用いている場合、都市ガスの建物への導入が必要となる。

都市ガスの原料はLNGで、その主成分はメタンガスである。LNGは、工場で都市ガスとして熱量調整された後、都市部にある都市ガスホルダに中圧で溜められ、地域内に供給される。建物内へは、整圧器で圧力調整され、中圧もしくは低圧で引き込まれる。建物内に引き込まれた都市ガスは、ボイラや厨房のガス機器などに使用され、エネルギー形態としては、熱に変換される。図のシステムでは、ボイラで都市ガスを燃焼させて蒸気を製造し､吸収冷凍機に供給する。吸収冷凍機は、蒸気の熱エネルギーを用いて駆動し、室内の熱を冷却塔に移動し､大気に放熱させている。

大規模事務所ビル（地域冷暖房利用）のエネルギーの流れ

最後に、大規模事務所ビルで、地域冷暖房を冷房に用いている場合を図4-3に示す。地域冷暖房は、都市部でも熱負荷密度の高い

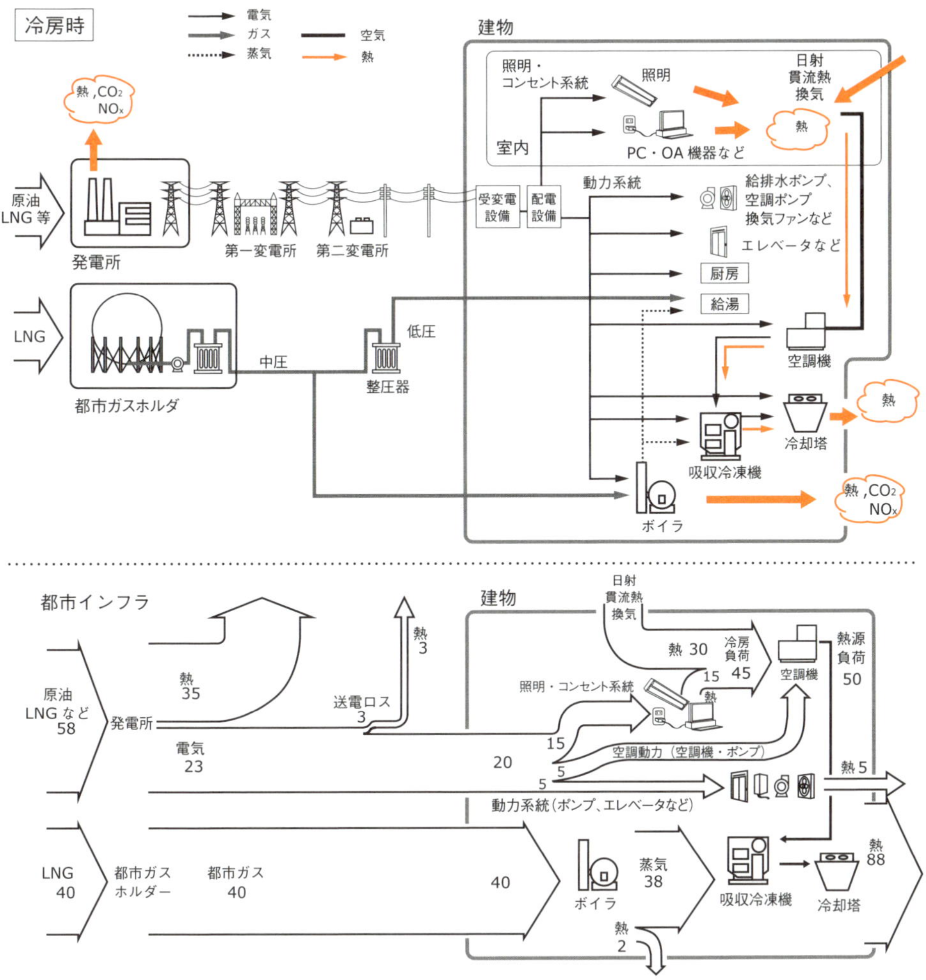

図4-2　大規模事務所ビルにおけるエネルギーの流れ（ガス熱源機器を有する場合）

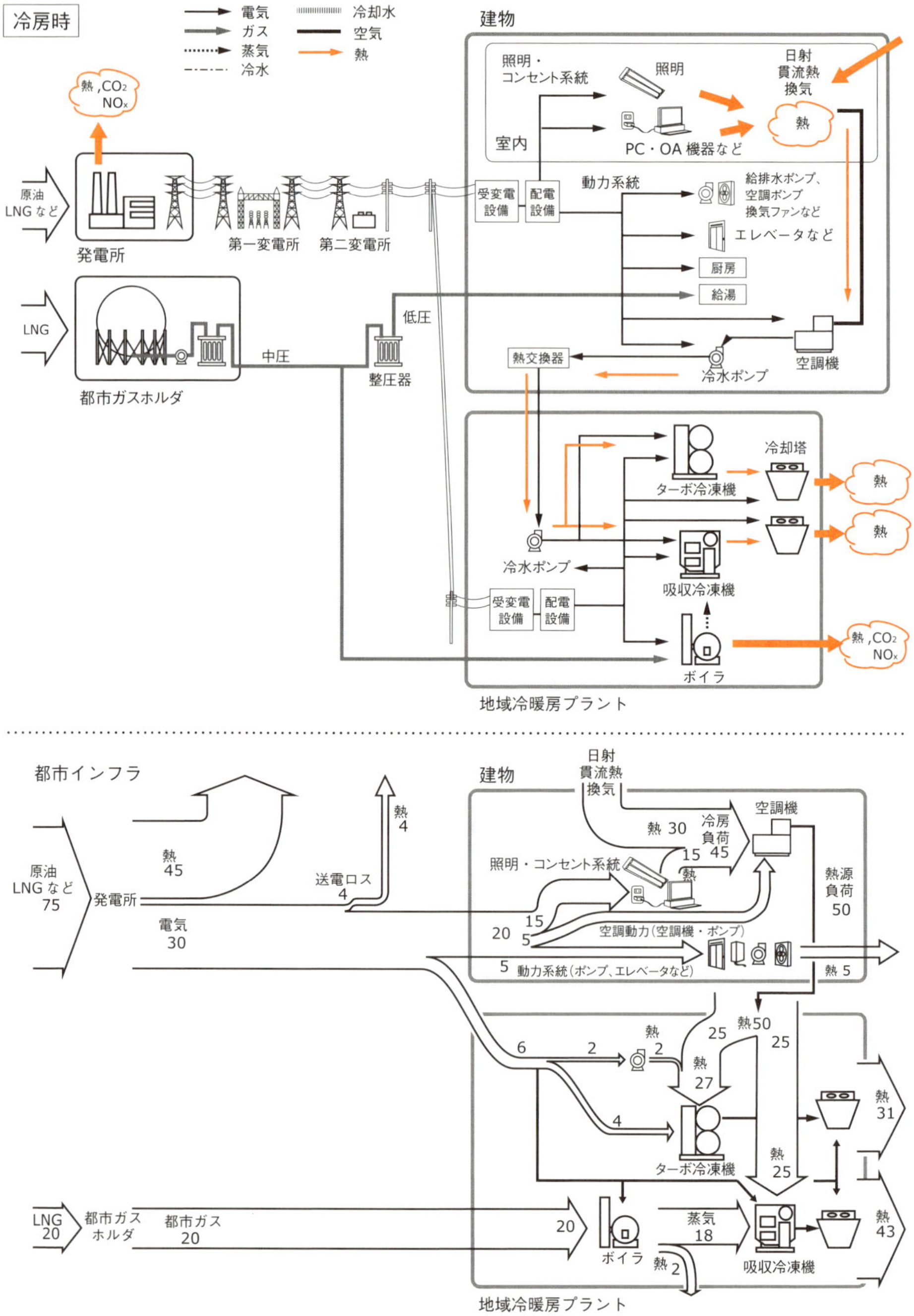

図4-3　大規模事務所ビルにおけるエネルギーの流れ（地域冷暖房の場合）

（熱負荷が集中する）地区に適用されるシステムである。システムとしては、図4-2の建物内にあったボイラや吸収冷凍機といった熱を製造する役割を集約し、その地区の地域冷暖房プラントに担わせた形となる。建物内に熱源機器を設置しないため、建物側からの排熱も小さい。また、地域冷暖房プラントは、スケールメリットを生かして効率的な熱源機器の運転が可能となり、省エネルギー性の高いシステムの構築も可能となる。

省エネルギー評価の考え方

以上より、エネルギーの流れをみると、建物に導入されるエネルギー形態は、電力や都市ガスという形であるが、最終的には熱になって大気に放出されていることがわかる。また、建物に投入されるエネルギーのみに着目すると、図4-1の小規模ビルでは電気が35、図4-2の大規模ビルでは電気20、都市ガス40の計60、図4-3の地域冷暖房システムでは電気20、地域冷暖房への放熱50（この場合は投入とみなしている）の計70となり、図4-1のシステムの省エネルギー性が高くみえる。しかし、都市インフラに投入されるエネルギーまで遡って考えると、図4-1が100、図4-2が98、図4-3が95となり、地域冷暖房システムの投入エネルギーが最も小さくなる。建物の省エネルギー性や省CO_2を考える場合は、後者の考え方が正しく、建物で使用されるエネルギーの流れをとらえ、都市・地域エネルギーという視点で考えていくことが重要となる。

5
従来からのエネルギーシステム

5-1
電力供給システム

電力供給の歴史

世界初の電力供給システムは、1881年にアメリカではじめられた。日本では、1883年に民間会社である東京電燈が設立し、1887年に東京・日本橋茅場町に直流発電機を導入した火力発電所が建設され、これを機に次々と電力会社が設立された。電力供給システムは、世界と日本において、ほぼ同時期にはじまったといえる。

当初は、直流送電を行っており、その特性から小規模の電力供給システムが主体であった。しかし、需要の増加にともなって、直流送電では供給が間に合わなくなり、1897年に交流発電機を導入した浅草火力発電所が建設された。この発電機がドイツ製であったことから、50Hzの交流送電の基礎が築かれた。また同時期に関西では、アメリカ製の交流発電機を導入したことにより交流60Hzの送電電力供給システムとなり、これにより、現在も関東以東では50Hz、以西では60Hzの電力供給システムとなっている。

第二次世界大戦以前には、各地に電力会社が設立され、全国に470社程度あったという。しかし、日本が戦争に本格的に突入するに従い、電力供給システムは、国家統制のもとにおかれ、国策会社である「日本発送電株式会社」が1938年に設立され、1941年には発電、送電、配電事業のすべてが、国家統制下に入ることになった。

戦後の1951年に、日本発送電は、現在の9電力会社（北海道、東北、北陸、東京、中部、関西、中国、四国、九州）に分割され（のちに沖縄電力を含めて10社）、現在の構成となった。

発電方式の種類と構成

現在の発電方式として、以下の種類がある。

・火力発電（石炭）
・火力発電（石油）
・火力発電（LNG）
・原子力発電
・水力発電
・太陽光発電
・風力発電

日本の電力供給の主たる事業者である一般電気事業者（10社）と卸電気事業者（2社）の発電設備の能力は、2010年時点において火力発電が約6割、水力発電が約2割、原子力発電が約2割の構成となっている（図5-1および5-2）。

電力自由化と電気事業者

2000年4月より「電力の自由化」がはじまった。これは、一般電気事業者の地域独占

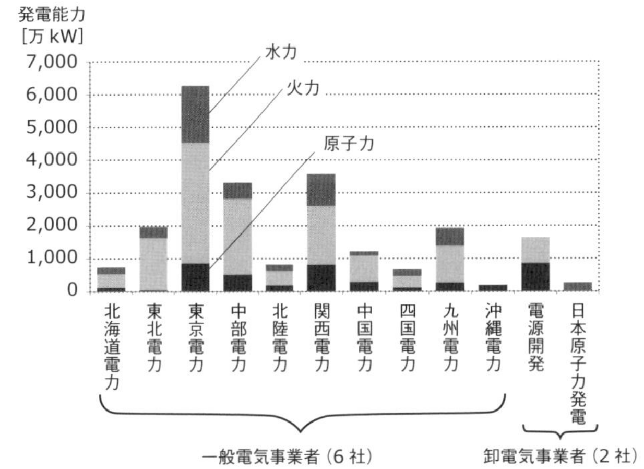

図 5-1　事業者別発電構成（2010 年時点）

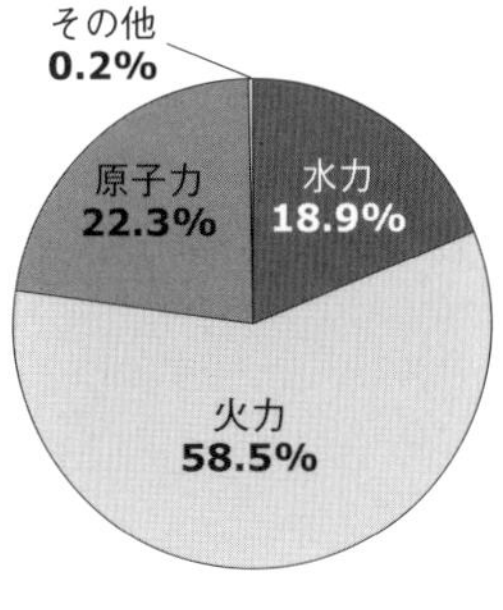

図 5-2　全国の発電構成

だった電気事業に、ほかの新規事業者も電気小売りに参入できる制度のことである。現在（2012 年 6 月）では、50kW 以上の需要家に供給可能となっており、全国の需要家の 6 割強が対象となっている。

電力の事業主体として、以下の種類がある。

・一般電気事業者
・卸電気事業者
・卸供給事業者
（IPP: Independent Power Producer）
・特定電気事業者
(Independent Power Produce Supplier)
・特定規模電気事業者
（PPS: Power Produce Supplier）
・オンサイト発電事業者
（自家用発電代行サービス）
・特定供給制度

一般電気事業者とは、東京電力をはじめとした日本の 10 電力会社が該当する。地域内の発電所と送電網を所有し、電力の小売ができる事業者である。卸電気事業者は、200 万 kW 以上の発電設備を所有し、一般電気事業者に電力を供給する事業者である。現在、電源開発、日本原子力発電の 2 社がある。卸供給事業者は、卸電気事業者以外で、一般電気事業者にある一定規模・期間以上の電力供給を行う事業者である。独立系発電事業者（IPP）とも呼ばれる。

特定電気事業者は、限られた区域で所有する発電設備や電線路を用いて電気を供給する事業者で、代表的な事業者として六本木エネルギーサービスなどがある。

特定規模電気事業者（PPS）は、自ら所有する発電設備の電力を託送により、特定規模（現在は 50kW 以上）の需要家に供給できる（小売りができる）事業者で、電力自由化制度で生まれた。全国で 52 社ある。

そのほか、オンサイト発電事業者は、電気需要家の敷地内に発電設備を所有し、需要家に売電、または設備をリース・管理する事業者である。特定供給制度とは、自ら発電を行う企業などが、密接に関係する電気利用者に

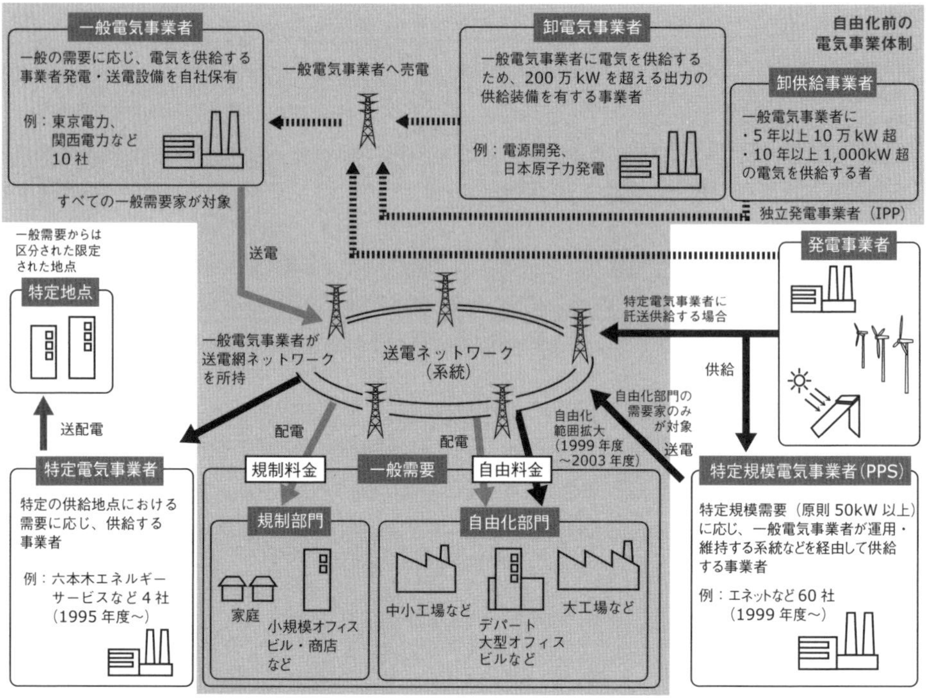

図5-3　各種電気事業者の供給イメージ(2012年8月現在)
(出典:経済産業省資料をもとに作成、一部加筆)

専用線や託送によって電気を供給する制度であり、例えば、ある自治体の所有する清掃工場で発電した電気を庁舎に送電する場合などが該当する。

発送電分離の議論

電力自由化により、特定規模電気事業者（PPS）による小売りが可能となった。現在のPPSは、一般電気事業者の所有する送電網を用いて託送する形式で需要家に電力を供給している。近年、話題となっている発送電分離の議論とは、一般電気事業者が所有する送電網を新会社の所有にすることにより、ある意味、一般電気事業者もPPS化してしまうことである。これにより託送料金を下げ、現在のPPSと平等な価格競争が起こり、電気料金の引き下げや、大型太陽光発電や風力発電などの再生可能エネルギーを利用した新規PPSの参入をしやすくさせることを目論んでいる。しかし一方で、自由化と発送電分離が進んでいる海外では、電気価格が上昇したり、大規模停電が発生したりするなど、電力の安定供給において、まだ課題が残されている。

5-2
ガス供給システム

ガス供給の歴史

ガス事業は、1812年に英国・ロンドンで、街路灯の照明用燃料として供給されたのがはじまりとされる。当時は石炭を原料としてガスを製造し供給していた。日本では、1872年に横浜で照明として建てられたガス灯が最初である。それからしばらく、ガス会社としては東京と横浜、神戸の居留地の3社しかなかったが、1886年に新しいガス灯が発明され、1910年には10社、翌年には33社、1915年には91社とガス事業が飛躍することになる。

大正末期までは、街路灯の主流はガス灯であった。しかし、電気灯の登場により、徐々にガス灯が電気灯に替わっていくことになる。また明治末頃からガスを照明ではなく、熱として利用する動きが出てきたため、ガスかまどやガス炊飯器、ガスレンジ、ガスストーブなどさまざまなガス製品が開発されていくことになる。

昭和に入ってもガス会社は少しずつ増えていくが、第二次世界大戦中は、75社に減少している。戦後になると宅地の拡大とともに増加し、最盛期には全国に255社となった。現在は、合併などにより210社のガス会社がある。供給されているガスは、1970年代以降、天然ガスが主流となっている。

ガス事業者とガスの種類

一般ガス事業者とは、ガス事業法に基づき、需要家にガスを導管を用いて供給する事業者を指す。都市ガス供給を行っている事業者も一般ガス事業者となる。

現在供給されている都市ガスの原料である天然ガスのほとんどは、海外からの輸入である。海外で採取された天然ガスは、不純物である硫黄分や一酸化炭素、水分などを取り除き、純粋なメタンガスに近い状態にされ、-162℃まで冷却・液化した状態（LNG）で日本まで輸送されている。国内では、貯蔵タンクに液体のままで保管されているが、供給する時点で気化される。またその際に、ガス規格に合わせるため、LPガスなどを混合し、熱量調整も行われる。

調整されたガスの種類には、ガス規格として**表5-1**の種類がある。記号の意味は、数字が熱量を表し、A、B、Cは燃焼速度（それぞれ、A：遅い、B：中間、C：速い）を表している。

調整されたガスは、高圧（1.0MPa～）で送られ、需要家に合わせてガバナステーションや整圧器により減圧され、中圧A（0.3～1.0MPa）や中圧B（0.1～0.3MPa）、低圧（～

表5-1　ガスの種類

ガスグループ	燃焼性による分類	代表的なガスの総発熱量（MJ/m³）
13A	13A	45.00
12A	12A	41.90
6A	6A	29.30
5C	5C	18.80
L1	6B	20.93
	6C	
	7C	
L2	5A	18.84
	5B	
	5AN	
L3	4A	15.07
	4B	
	4C	

0.1MPa）で供給される。また、ガスの供給圧を保つために、供給過程の途中にガスホルダを設置し、中圧ガスを貯めている。

一般的な需要家の供給圧は低圧であるが、ガス熱源やCGSなど大きなガス需要がある場合は、中圧や高圧で供給される（図5-4）。

ガスの利用設備

建物に供給されたガスは、住宅であれば厨房コンロやガス暖房器具、給湯器で使用される。事務所ビルなどの大規模な建物では、おもに空調用エネルギー源として利用され、利用設備としてはボイラ、冷温水発生機、ガスヒートポンプなどがある。

また、近年ではコージェネレーションシステム（CGS）の燃料として利用されるケースも増えてきている。CGSとは、1つの装置から電気と熱を取り出すことのできるシステムを指しており、エネルギーの高効率利用が可能なCGSは、省エネシステムとして位置づけられている。CGSとして、大規模な建物ではガスエンジンCGSやガスタービンCGS、住宅では燃料電池がある。

中圧導管でガス供給されているCGSは、常時、建物側に電気と熱を供給しているが、中圧導管の耐震性の高さから非常時における非常用発電機と兼用可能となっている。

燃料電池は、水素（H_2）と酸素（O_2）を反応させて電気と熱を取り出す装置である。現在、一般に市販されている装置は、主成分がメタン（CH_4）である都市ガスから水素を改質する改質器と燃料電池を一体にしたものが多い。水素と酸素の化学反応を利用しているため、発電時の生成物は水のみとなる。実用化されている燃料電池の種類としては、固体高分子型燃料電池（PEFC）、固体酸化物型燃料電池（SOFC）、リン酸型燃料電池（PAFC）があり、住宅用としては、PEFC、SOFCが用いられ、発電能力は1kW程度となっている。燃料電池の燃料としては都市ガス以外に、灯油やプロパンガスも利用可能である。

水素社会への試み

近年、燃料電池に水素を直接供給する試みもはじめられている。福岡県北九州市では、水素パイプラインによる燃料電池への水素供給が実証実験として行われている。

水素は、前述したように都市ガスなどから改質して取り出せるが、工場などの副生物として排出される副生水素もある。また、再生可能エネルギーなどの電力を用いた水の電気分解やバイオマスのメタンガスから改質させることでも水素が取り出せる。電気は蓄電池以外に貯める方法がないが、水素としてならば貯めることが可能である。スマートグリッドなどに組み込まれた電気の貯蔵形態の1つとして利用できる。

水素供給には、安全性の確保や法規制の面においてまだまだ課題が多いが、水素ガスの利点を生かした水素供給による水素社会の到来も近いと考えられる。

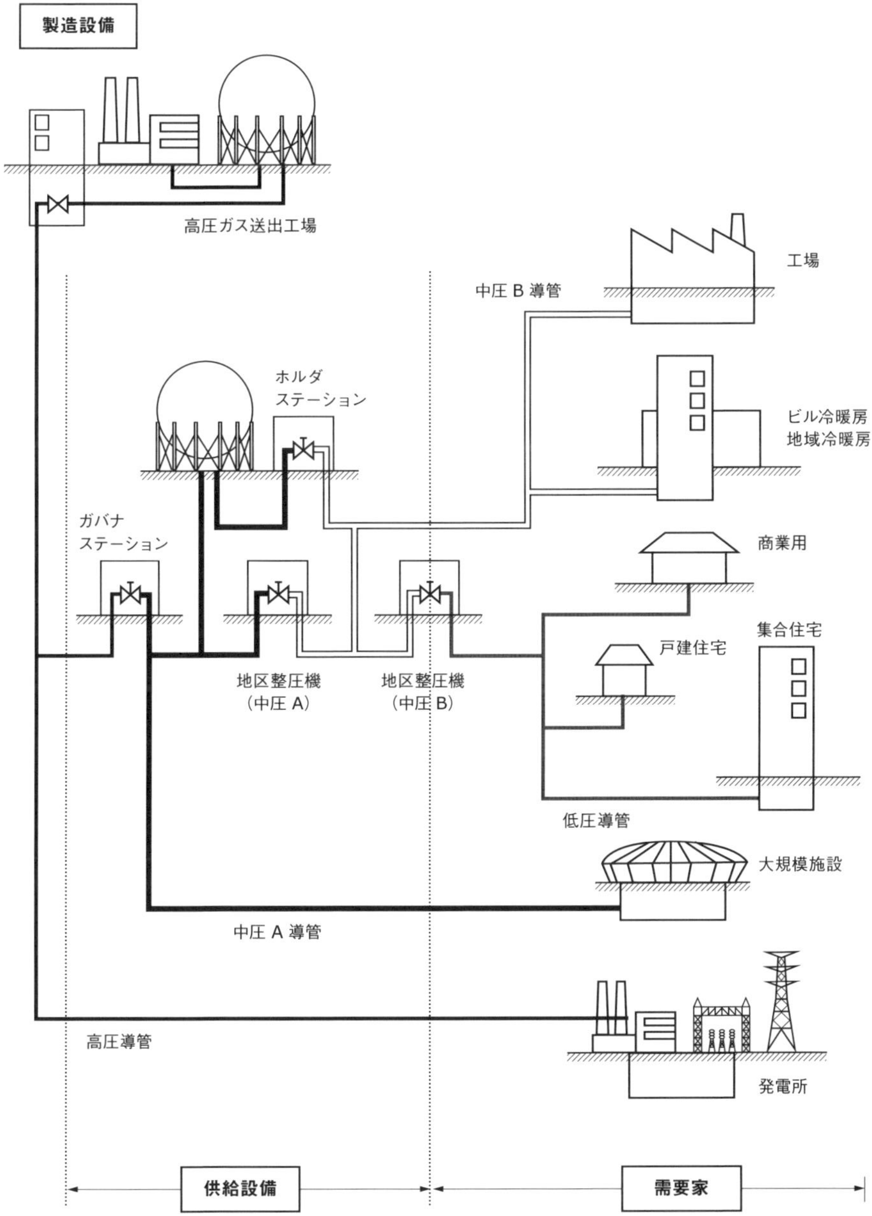
製造設備
高圧ガス送出工場
工場
中圧 B 導管
ホルダ
ステーション
ビル冷暖房
地域冷暖房
ガバナ
ステーション
商業用
集合住宅
戸建住宅
地区整圧機
(中圧 A)
地区整圧機
(中圧 B)
低圧導管
大規模施設
中圧 A 導管
高圧導管
発電所
供給設備
需要家

図5-4　ガス供給の流れ

5-3
地域熱供給システム

地域熱供給システムの仕組みとメリット

地域熱供給システムの「熱」とは、冷房、暖房、給湯などに用いられる冷水、温水、蒸気を意味する。したがって、地域熱供給システム（地域冷暖房システムとも呼ぶ）は、それら熱を建物（需要家）に供給するエネルギーシステムである。同じようにエネルギーを供給するシステムには、前述された電力供給システムやガス供給システムがある。これらとの違いは、供給範囲が都市規模ではなく地域規模という点である。

ではどのようにして熱を供給するのか。地域熱供給システムの概要を図 5-5 に示す。システムは熱源プラントと地域導管、需要家の受入設備から構成される。熱源プラントには、ボイラ、冷凍機などの熱源装置があり、集中的に冷水、温水などが製造される。そして、それらは導管を通して、地域内の建物の受入設備に供給され、各建物の空調設備などを利用して冷暖房が行われる。したがって、図 5-5 に示すように、従来の方式と比べて、建物個々では、熱の受入設備のみで熱源装置を設置する必要がなくなる。

個別熱源方式と異なり、地域熱供給システムを導入することのメリットを以下に記す。

需要家（利用者）のメリット

・スペースの有効利用（機械室の縮小）
・容積率の緩和（プラント設置ビル）
・設備管理の省力化
・エネルギーの安定供給

社会的メリット

・都市景観の向上（屋上設備の撤去など）
・大気汚染・公害の防止
・未利用エネルギー活用による省エネ
・災害発生時の二次災害の防止

熱供給事業

（1）熱供給事業法

電力供給システムが電気事業法に、ガス供給システムがガス事業法に則っているように、地域熱供給システムは熱供給事業法に則っている。熱供給事業法は、第三の公益事

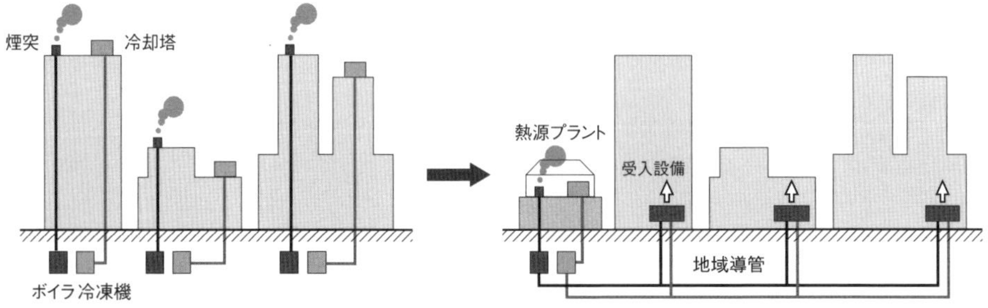

従来の熱源方式型（個別熱源方式）　　地域冷暖房方式

図 5-5　地域熱供給システム
（出典：新菱冷熱工業ウェブサイトをもとに作成）

業として、1972年に旧通商産業省にて制定された。これによる対象事業は、複数の一般の需要家に熱供給を行う事業であり、設備の能力が一定の基準以上、すなわち加熱能力が21GJ/h以上のものである。

熱供給事業を営む場合は、供給区域ごとに、経済産業大臣の許可を受けるとともに、料金そのほかの供給条件について供給規定を定め、経済産業大臣の認可を受けなければならない。そして、正当な理由がなければ、供給区域における熱供給を拒むことはできないという供給義務がある。

(2) 熱供給事業開始までの手順

熱供給事業が供給開始されるまでの流れを図5-6に示す。個別熱源方式の建物では、建物ごとの計画・設計、建設、使用開始の流れである。しかし、地域熱供給事業では、需要家となる建物の建設プロセスに沿って並行して進める必要がある。

(3) 熱供給事業の現況

2012年4月現在、熱供給事業法に基づく許可事業者数は81事業者、許可地区数は141地区である(図5-7)。また、2011年3月現在、地域熱供給の供給区域面積は約4,100ha、需要家総数39,697件(うち住宅用38,313件)、供給延床面積は約4,900万m^2である。2010年度の販売熱量は、24,418TJ(24.4PJ)であり、約61%を冷水が占める。そして、総売上高は約1,500億円である。統計年度が異なるが、2009年度の日本の民生部門の最終エネルギー消費は4,837PJであるから、販売熱量はその0.5%に相当する。

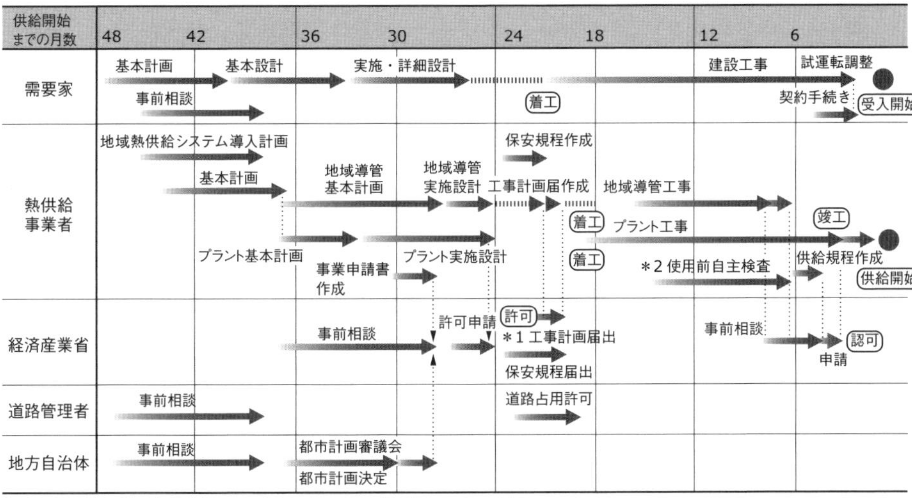

＊1　工事計画届出は184℃以上で、1MPa以上の導管に適用

＊2　導管の設置または変更の工事を行った場合の使用前自主検査の結果の記録は、3年間保存する

図5-6　地域熱供給開始までの流れ
(出典:エネルギーの面的利用導入ガイドブック作成研究会『エネルギーの面的利用導入ガイドブック』2005年)

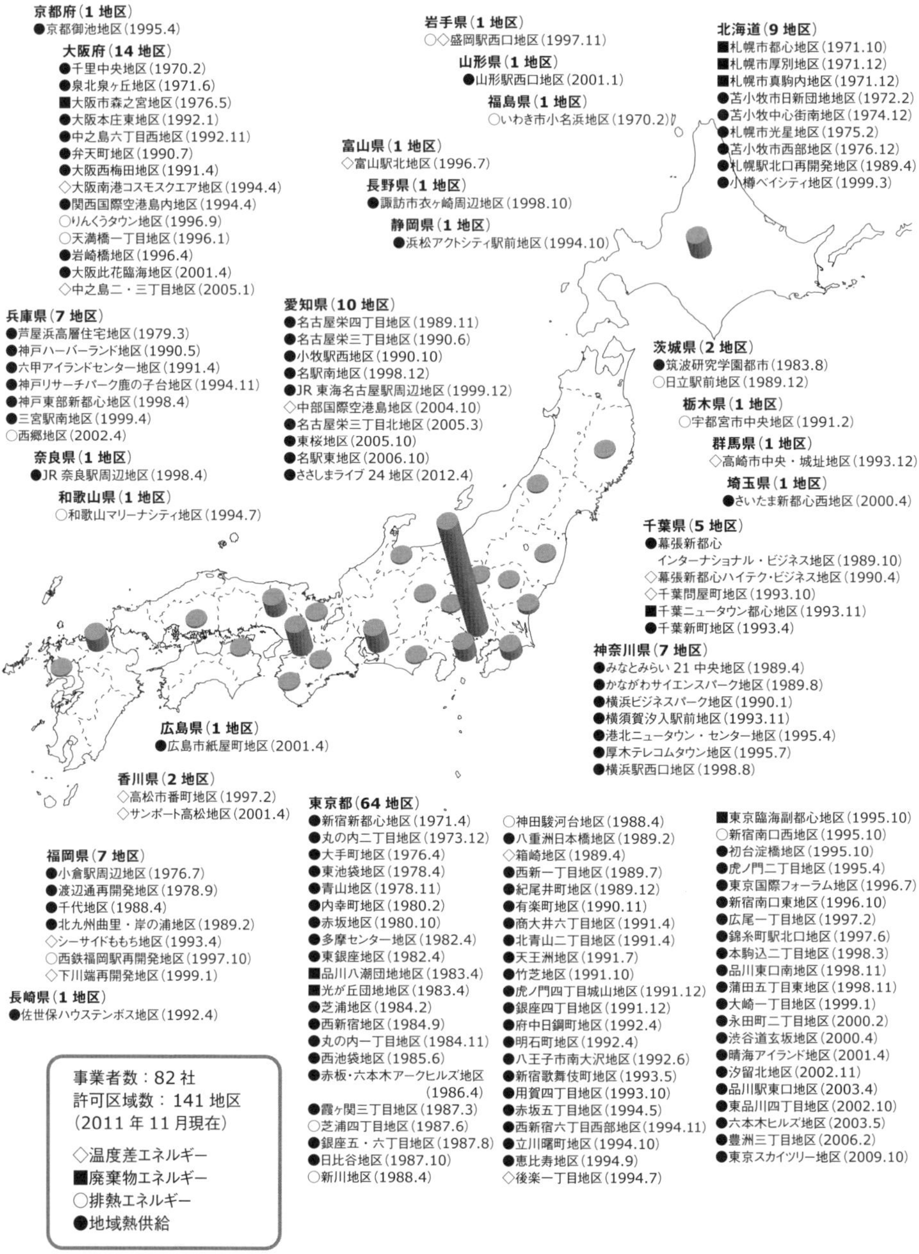
京都府（1 地区）
●京都御池地区（1995.4）
大阪府（14 地区）
●千里中央地区（1970.2）
●泉北泉ヶ丘地区（1971.6）
■大阪市森之宮地区（1976.5）
●大阪本庄東地区（1992.1）
●中之島六丁目西地区（1992.11）
●弁天町地区（1990.7）
●大阪西梅田地区（1991.4）
◇大阪南港コスモスクエア地区（1994.4）
●関西国際空港島内地区（1994.4）
○りんくうタウン地区（1996.9）
○天満橋一丁目地区（1996.1）
●岩崎橋地区（1996.4）
●大阪此花臨海地区（2001.4）
◇中之島二・三丁目地区（2005.1）
兵庫県（7 地区）
●芦屋浜高層住宅地区（1979.3）
●神戸ハーバーランド地区（1990.5）
●六甲アイランドセンター地区（1991.4）
●神戸リサーチパーク鹿の子台地区（1994.11）
●神戸東部新都心地区（1998.4）
●三宮駅南地区（1999.4）
○西郷地区（2002.4）
奈良県（1 地区）
●JR 奈良駅周辺地区（1998.4）
和歌山県（1 地区）
○和歌山マリーナシティ地区（1994.7）
岩手県（1 地区）
○◇盛岡駅西口地区（1997.11）
山形県（1 地区）
●山形駅西口地区（2001.1）
福島県（1 地区）
○いわき市小名浜地区（1970.2）
富山県（1 地区）
◇富山駅北地区（1996.7）
長野県（1 地区）
●諏訪市衣ヶ崎周辺地区（1998.10）
静岡県（1 地区）
●浜松アクトシティ駅前地区（1994.10）
愛知県（10 地区）
●名古屋栄四丁目地区（1989.11）
●名古屋栄三丁目地区（1990.6）
●小牧駅西地区（1990.10）
●名駅南地区（1998.12）
●JR 東海名古屋駅周辺地区（1999.12）
◇中部国際空港島地区（2004.10）
●名古屋栄三丁目北地区（2005.3）
●東桜地区（2005.10）
●名駅東地区（2006.10）
●ささしまライブ 24 地区（2012.4）
北海道（9 地区）
■札幌市都心地区（1971.10）
■札幌市厚別地区（1971.12）
■札幌市真駒内地区（1971.12）
●苫小牧市日新団地地区（1972.2）
●苫小牧中心街南地区（1974.12）
●札幌市光星地区（1975.2）
●苫小牧市西部地区（1976.12）
●札幌駅北口再開発地区（1989.4）
●小樽ベイシティ地区（1999.3）
茨城県（2 地区）
●筑波研究学園都市（1983.8）
○日立駅前地区（1989.12）
栃木県（1 地区）
○宇都宮市中央地区（1991.2）
群馬県（1 地区）
◇高崎市中央・城址地区（1993.12）
埼玉県（1 地区）
●さいたま新都心西地区（2000.4）
千葉県（5 地区）
●幕張新都心
インターナショナル・ビジネス地区（1989.10）
◇幕張新都心ハイテク・ビジネス地区（1990.4）
◇千葉問屋町地区（1993.10）
■千葉ニュータウン都心地区（1993.11）
●千葉新町地区（1993.4）
神奈川県（7 地区）
●みなとみらい 21 中央地区（1989.4）
●かながわサイエンスパーク地区（1989.8）
●横浜ビジネスパーク地区（1990.1）
●横須賀汐入駅前地区（1993.11）
●港北ニュータウン・センター地区（1995.4）
●厚木テレコムタウン地区（1995.7）
●横浜駅西口地区（1998.8）
広島県（1 地区）
●広島市紙屋町地区（2001.4）
香川県（2 地区）
◇高松市番町地区（1997.2）
◇サンポート高松地区（2001.4）
福岡県（7 地区）
●小倉駅周辺地区（1976.7）
●渡辺通再開発地区（1978.9）
●千代地区（1988.4）
●北九州曲里・岸の浦地区（1989.2）
◇シーサイドももち地区（1993.4）
○西鉄福岡駅再開発地区（1997.10）
◇下川端再開発地区（1999.1）
長崎県（1 地区）
●佐世保ハウステンボス地区（1992.4）
東京都（64 地区）
●新宿新都心地区（1971.4）
●丸の内二丁目地区（1973.12）
●大手町地区（1976.4）
●東池袋地区（1978.4）
●青山地区（1978.11）
●内幸町地区（1980.2）
●赤坂地区（1980.10）
●多摩センター地区（1982.4）
●東銀座地区（1982.4）
■品川八潮団地地区（1983.4）
■光が丘団地地区（1983.4）
●芝浦地区（1984.2）
●西新宿地区（1984.9）
●丸の内一丁目地区（1984.11）
●西池袋地区（1985.6）
●赤板・六本木アークヒルズ地区（1986.4）
●霞ヶ関三丁目地区（1987.3）
○芝浦四丁目地区（1987.6）
●銀座五・六丁目地区（1987.8）
●日比谷地区（1987.10）
○新川地区（1988.4）
○神田駿河台地区（1988.4）
●八重洲日本橋地区（1989.2）
◇箱崎地区（1989.4）
●西新一丁目地区（1989.7）
●紀尾井町地区（1989.12）
●有楽町地区（1990.11）
●商大井六丁目地区（1991.4）
●北青山二丁目地区（1991.4）
●天王洲地区（1991.7）
●竹芝地区（1991.10）
●虎ノ門四丁目城山地区（1991.12）
●銀座四丁目地区（1991.12）
●府中日鋼町地区（1992.4）
●明石町地区（1992.4）
●八王子市南大沢地区（1992.6）
●新宿歌舞伎町地区（1993.5）
●用賀四丁目地区（1993.10）
●赤坂五丁目地区（1994.5）
●西新宿六丁目西部地区（1994.11）
●立川曙町地区（1994.10）
●恵比寿地区（1994.9）
◇後楽一丁目地区（1994.7）
■東京臨海副都心地区（1995.10）
○新宿南口西地区（1995.10）
●初台淀橋地区（1995.10）
●虎ノ門二丁目地区（1995.4）
●東京国際フォーラム地区（1996.7）
●新宿南口東地区（1996.10）
●広尾一丁目地区（1997.2）
●錦糸町駅北口地区（1997.6）
●本駒込二丁目地区（1998.3）
●品川東口南地区（1998.11）
●蒲田五丁目東地区（1998.11）
●大崎一丁目地区（1999.1）
●永田町二丁目地区（2000.2）
●渋谷道玄坂地区（2000.4）
●晴海アイランド地区（2001.4）
●汐留北地区（2002.11）
●品川駅東口地区（2003.4）
●東品川四丁目地区（2002.10）
●六本木ヒルズ地区（2003.5）
●豊洲三丁目地区（2006.2）
●東京スカイツリー地区（2009.10）
事業者数：82 社
許可区域数：141 地区
（2011 年 11 月現在）
◇温度差エネルギー
■廃棄物エネルギー
○排熱エネルギー
●地域熱供給

図 5-7　全国の地域熱供給事業地区マップ
（出典：日本熱供給事業協会『熱供給事業便覧』2012 年度版）

欧米における地域熱供給の歴史

欧米諸国における地域熱供給は、19 世紀末に地域暖房としてスタートし、140 年ほどの長い歴史をもっている。

（1）欧州

欧州での地域熱供給の歴史を図 5-8 に示す。欧州では、1875 ～ 1878 年頃にドイツで地域暖房が開始されたのがはじまりといわれている。その後、1893 年にハンブルク市で熱電併給の発電排熱による地域暖房が開始され、諸都市に普及していく。そして、1970 年代のオイルショック（石油危機）を契機に、脱石油化政策と省エネルギー政策が推進され、地域暖房の本格的な普及や、大都市における広域ネットワーク化が進展する。また、ごみ焼却排熱・工場排熱などの利用、下水・海水のヒートポンプ利用、バイオマス利用など未利用エネルギーの活用も進む。

（2）米国

米国での地域熱供給の歴史を図 5-9 に示す。米国では、1876 年にテキサス州ロックポート市にて地域暖房が開始されたのがはじまりといわれている。専用蒸気ボイラによるシステムで、シンプル性と経済性から熱源プラントからの供給管（往管という）のみで熱源プラントへの還管はなかった。1882 年にはニューヨーク市マンハッタン地区で熱電併給の発電排熱蒸気の供給が開始される。その後、各都市で導入が進み、1920 年頃のピーク時には 400 ～ 600 地区まで普及した。しかし、個別暖房の増加やオイルショックなどの影響から衰退。1978 年に PURPA（公益事業規制政策）法が施行された後、コージェネレーション排熱を利用した地域冷暖房が推進された。

日本における地域熱供給の歴史

日本における地域熱供給の歴史を図 5-10 に示す。

（1）創成期（1970 ～ 1975 年）

わが国の地域熱供給が開始されたのは、大阪市の千里ニュータウンで、1970 年に千里中央地区で地域冷暖房が開始された。翌 1971 年には札幌市や新宿副都心などで開始される。この背景には、1968 年に大気汚染防止法が制定されるなど、高度経済成長にともない都市部の大気汚染が深刻化していたことがある。その防止策として、良質な燃料の使用、工場排熱やごみ焼却排熱を利用する地域熱供給の導入が検討され、前述した熱供給事業法が 1972 年に施行される。また、1970 年の東京都公害防止条例では、地域冷暖房の計画区域の指定などが規定された。

（2）停滞期（1976 ～ 1979 年）

1973 年と 1978 年のオイルショックによる石油価格の高騰と、低経済成長への移行、各地の都市開発や団地建設などの計画変更や遅延による需要の減退から地域熱供給の新規事業が低迷した。

（3）再生期（1980 ～ 1984 年）

1979 年に省エネルギー法が、1980 年に代替エネルギー法が制定されるなど、各分野で省エネルギー技術や石油代替エネルギー利用技術が推進される。地域熱供給においては、新規事業数は引き続き低迷した時期であるが、清掃工場の排熱利用、ヒートポンプ・蓄熱システム、コージェネレーション利用など新しい省エネ型のシステムが導入されるようになり、その後の発展の基礎がつくられた。

（4）発展期（1985 ～ 1989 年）

バブル経済化とともに都市開発、都市再開

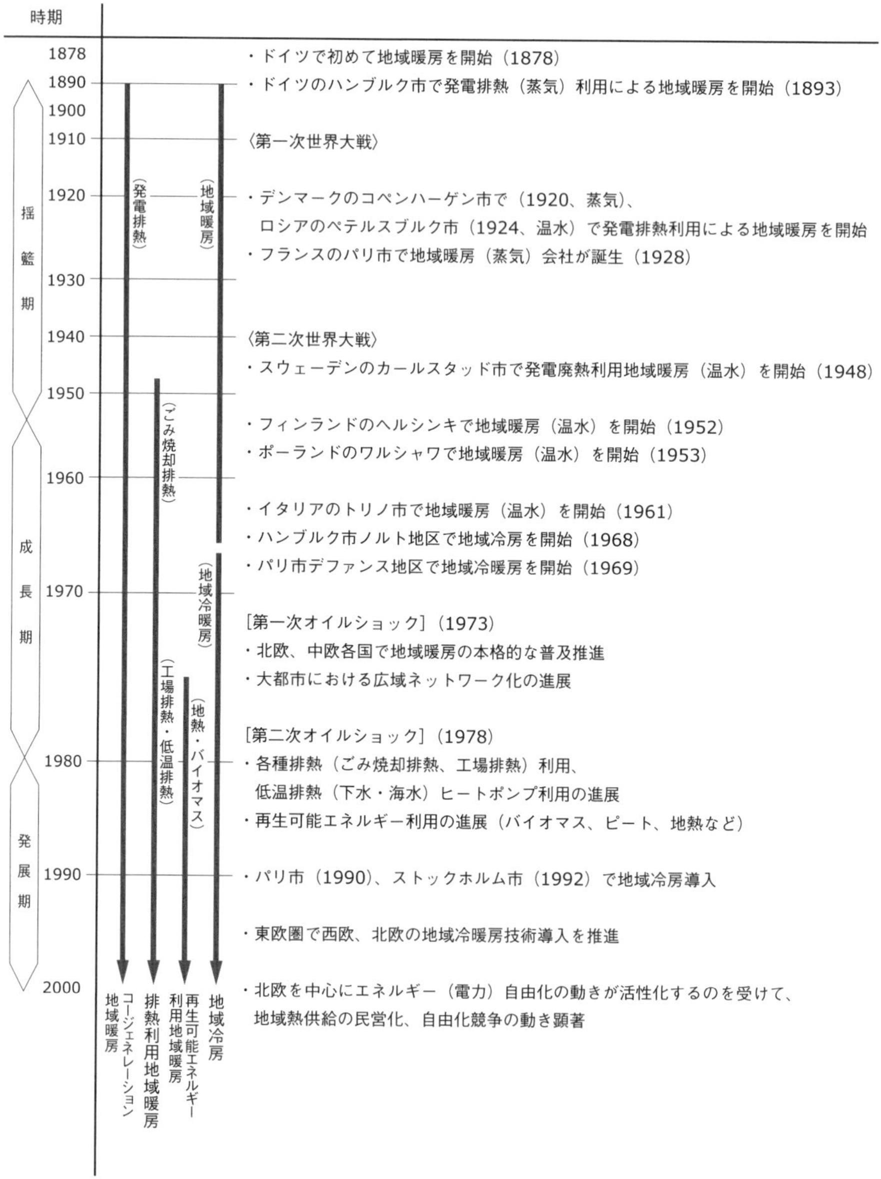
時期
1878
1890
1900
1910
1920
1930
1940
1950
1960
1970
1980
1990
2000
揺籃期
成長期
発展期
（発電排熱）
（地域暖房）
（ごみ焼却排熱）
（地域冷暖房）
（工場排熱・低温排熱）
（地熱・バイオマス）
コージェネレーション地域暖房
排熱利用地域暖房
再生可能エネルギー利用地域暖房
地域冷房
・ドイツで初めて地域暖房を開始（1878）
・ドイツのハンブルク市で発電排熱（蒸気）利用による地域暖房を開始（1893）
〈第一次世界大戦〉
・デンマークのコペンハーゲン市で（1920、蒸気）、
ロシアのペテルスブルク市（1924、温水）で発電排熱利用による地域暖房を開始
・フランスのパリ市で地域暖房（蒸気）会社が誕生（1928）
〈第二次世界大戦〉
・スウェーデンのカールスタッド市で発電廃熱利用地域暖房（温水）を開始（1948）
・フィンランドのヘルシンキで地域暖房（温水）を開始（1952）
・ポーランドのワルシャワで地域暖房（温水）を開始（1953）
・イタリアのトリノ市で地域暖房（温水）を開始（1961）
・ハンブルク市ノルト地区で地域冷房を開始（1968）
・パリ市デファンス地区で地域冷暖房を開始（1969）
[第一次オイルショック]（1973）
・北欧、中欧各国で地域暖房の本格的な普及推進
・大都市における広域ネットワーク化の進展
[第二次オイルショック]（1978）
・各種排熱（ごみ焼却排熱、工場排熱）利用、
低温排熱（下水・海水）ヒートポンプ利用の進展
・再生可能エネルギー利用の進展（バイオマス、ピート、地熱など）
・パリ市（1990）、ストックホルム市（1992）で地域冷房導入
・東欧圏で西欧、北欧の地域冷暖房技術導入を推進
・北欧を中心にエネルギー（電力）自由化の動きが活性化するのを受けて、
地域熱供給の民営化、自由化競争の動き顕著

図5-8　欧州における地域熱供給の変遷
（図5-8～5-10出典：エネルギーの面的利用導入ガイドブック作成研究会『エネルギーの面的利用導入ガイドブック』2005年）

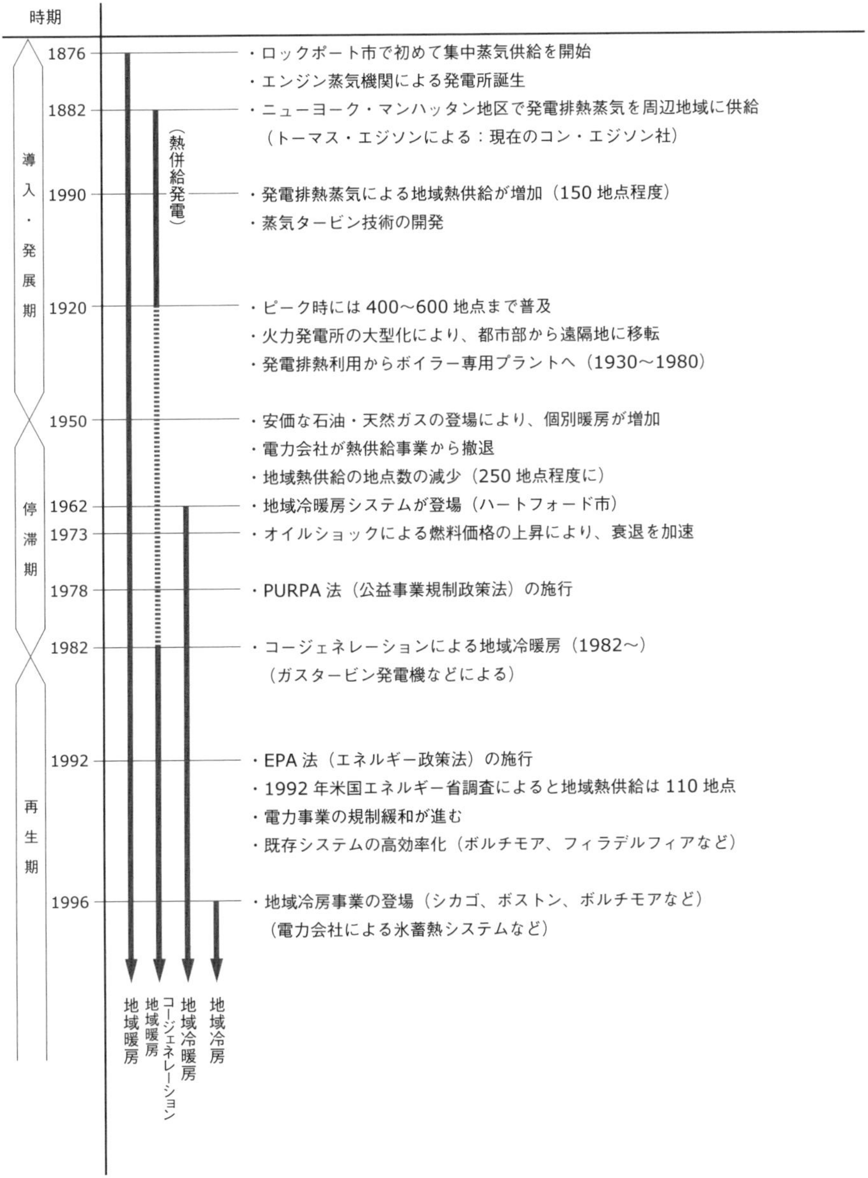
時期
導入・発展期
停滞期
再生期
1876
・ロックポート市で初めて集中蒸気供給を開始
・エンジン蒸気機関による発電所誕生
1882
・ニューヨーク・マンハッタン地区で発電排熱蒸気を周辺地域に供給
（トーマス・エジソンによる：現在のコン・エジソン社）
（熱併給発電）
1990
・発電排熱蒸気による地域熱供給が増加（150 地点程度）
・蒸気タービン技術の開発
1920
・ピーク時には 400〜600 地点まで普及
・火力発電所の大型化により、都市部から遠隔地に移転
・発電排熱利用からボイラー専用プラントへ（1930〜1980）
1950
・安価な石油・天然ガスの登場により、個別暖房が増加
・電力会社が熱供給事業から撤退
・地域熱供給の地点数の減少（250 地点程度に）
1962
・地域冷暖房システムが登場（ハートフォード市）
1973
・オイルショックによる燃料価格の上昇により、衰退を加速
1978
・PURPA 法（公益事業規制政策法）の施行
1982
・コージェネレーションによる地域冷暖房（1982〜）
（ガスタービン発電機などによる）
1992
・EPA 法（エネルギー政策法）の施行
・1992 年米国エネルギー省調査によると地域熱供給は 110 地点
・電力事業の規制緩和が進む
・既存システムの高効率化（ボルチモア、フィラデルフィアなど）
1996
・地域冷房事業の登場（シカゴ、ボストン、ボルチモアなど）
（電力会社による氷蓄熱システムなど）
地域暖房
コージェネレーション地域暖房
地域冷暖房
地域冷房

図 5-9　米国における地域熱供給の変遷

時期	社会状況	関連する行政施策など	地域熱供給事業の動向
創成期	［第一次オイルショック以前］ ・高度経済成長期 ・エネルギー多消費型社会 ・日本列島改造ブーム -日本万国博覧会（1970） -札幌冬季オリンピック（1972） -第一次オイルショック（1973）	・大気汚染防止法の制定（1968） ・熱供給事業法の制定（1972） -東京都公害防止条例に 地域暖冷房計画が規定（1970）	**大気汚染防止**、 新しいエネルギー産業の 育成・省力化
1975 停滞期	・オイルショック ・低成長社会 ・エネルギー節約型社会 ・地域開発の抑制 -第二次オイルショック（1979）	・サンシャイン計画 ・ローカルエネルギー利用推進 -東京都「地域暖冷房計画区域の指定 等に関する要綱」の制定（1977） ・省エネルギー法制定（1979）	事業採算性の回復、 新たな事業展開の模索、 **省エネルギーの徹底**
1980 再生期	・低成長から安定成長へ ・省エネルギー、石油代替化	・代替エネルギー法制定（1980） ・NOx 総量規制 ・ムーンライト計画 ・省エネルギー技術開発促進 （熱回収、蓄熱など）	
1985 発展期	・長期安定成長～バブル経済 ・地価高騰 ・都市再開発プロジェクト台頭	・新エネルギー技術開発促進 ・プラント設置による容積率緩和 （1985 通達） ・新都市拠点整備事業	省エネルギー化・ 石油代替化の推進、 未利用エネルギー活用、 都市アメニティの向上、 **スペースメリット**、 全国的な普及拡大
1990 普及期	バブル経済とその崩壊 ウォーターフロント開発 地球環境問題 フロン問題	・地球温暖化防止行動計画（1990） ・未利用エネルギー活用地域熱供給 事業補助制度（1991） ・環境調和型エネルギーコミュニティ 補助制度（1993） ・新エネルギー導入大綱（1994） -東京都 指導要綱制定（1991） -大阪府 指導要綱制定（1990） -名古屋市 指導要綱制定（1992）	
1995	・高度情報化、国際化、 高齢化社会 ・地球温暖化への国際的取り組み ・都市防災へのニーズ -阪神・淡路大震災（1995）	・電気事業法改正（1995） ・新エネルギー法制定（1997） ・COP3 京都会議（1997） ・地球温暖化対策推進大綱（1998） ・地球温暖化対策推進法制定（1998） ・先導的エネルギー使用合理化設備 導入モデル事業（1998） （現エネルギー使用合理化事業者支援事業） ・省エネルギー法改正（1999） -横浜市 地域冷暖房推進指針制定 （1996）	**ローカルからグローバル までの環境保全**、 **省エネルギーの徹底**、 新エネルギーの活用促進、 都市環境の創造、低コスト化、 **ヒートアイランド対策**
2000	・エネルギー自由化 ・都市の再生 ・二酸化炭素排出量削減の強化 ・エネルギーの面的利用促進	・電力小売の一部自由化（2000） ・都市再生本部設置（2001） ・エネルギー政策基本法（2002） ・地球温暖化対策推進大綱（2002） ・エネルギー基本法制定（2002） ・京都議定書目標達成計画策定（2005） ・省エネルギー法、 地球温暖化対策推進法改正施行（2006）	

図5-10　日本における地域熱供給の変遷

発が活発化し、都市の開発プロジェクトが台頭する中で地域熱供給の導入が増加する。背景の1つには、地価の高騰による建物床賃料の上昇から、プラント設置に関わる容積率緩和が受けられる地域熱供給が評価されたことがある。そして、関東のみならず全国的に導入が広がりはじめる。

(5) 普及期(1990年～)

全国的に導入が図られ、1993年には供給区域数の累計は100件を超えた。1991年には東京都が地域冷暖房推進に関する指導要綱を大幅改訂する中で、幅広い観点から地域熱供給が推進され、1990年に大阪府、1992年に名古屋市、1996年に横浜市、1997年に浜松市においても、地域冷暖房の導入・整備に関わる指導要綱や基本方針が制定される。

1995年以降はバブル経済の崩壊にともなう景気低迷の影響から新規事業の伸びは鈍化するが、地球温暖化防止にむけた国際的な動向を受け、また、2005年に策定された京都議定書目標達成計画において、エネルギーの面的利用の促進が謳われたこともあり、省エネ・省CO_2型エネルギーシステムとして今後の普及が期待される。

熱源システムの種類

地域熱供給システムでは、1カ所または複数の熱源プラントで集中的に熱が製造される。前述したように、製造される熱は冷房用の冷水、暖房用や給湯の温水、蒸気で、これらを製造する標準的な熱源システムの代表例を46ページの図5-11に示す。①～③が一般的であり、これらのほかに④、⑤のような河川水・海水などの未利用エネルギーを活用したものや排熱を利用したものなどがある。

熱供給の具体的な仕組み

熱の供給方式の代表例を表5-3に示す。供給方式には、6管式、4管式、2管式がある。年間を通じて、冷水と温熱(温水、蒸気)を利用する場合は、4管式が一般的である。冷水の往・還管と温水の往・還管との組み合わせと、冷水の往・還管と蒸気管・還水管(凝縮水管)との組み合わせがある。

また、これら熱導管の埋設方式には、図5-12に示す、直接埋設方式と間接埋設方式がある。前者は、管を地中に直接埋め込む方式で、施工が比較的簡単で、経済性がよい。間接方式は、管を専用溝や共同溝に敷設する方式で、メンテナンス性が高い。

表5-3　熱の供給方式
(表5-3および図5-12出典:日本熱供給事業協会『熱供給事業便覧』2012年度版)

6管式	冷水(往復2本)、温水(往復2本)、蒸気1本、還水1本
4管式	冷水(往復2本)、蒸気1本、還水1本
	冷水(往復2本)、温水(往復2本)
	冷水または温水(往復2本)
2管式	蒸気1本、還水1本
	冷・温水(往復2本を季節により切換)

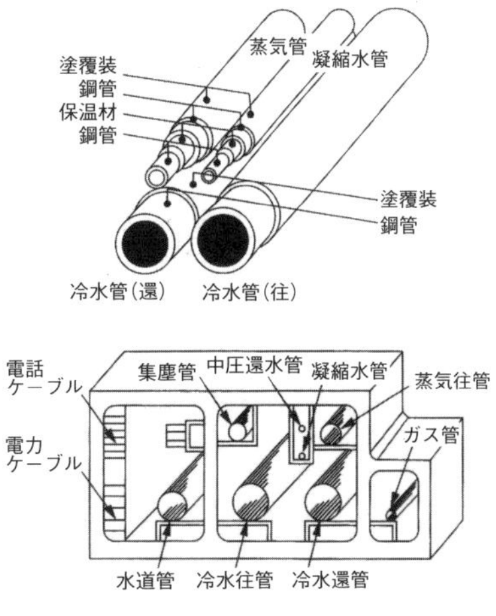

図5-12　導管の埋設方式

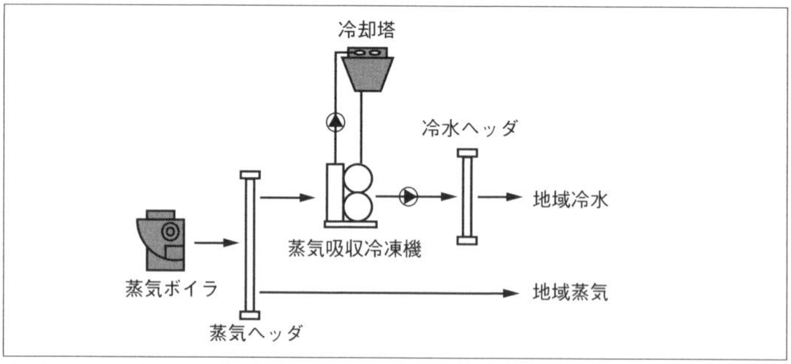

①蒸気ボイラ＋蒸気吸収冷凍機（ガス方式など）

蒸気ボイラで蒸気を製造し、暖房・給湯用として蒸気を供給するとともに、蒸気吸収冷凍機で冷水を製造する。

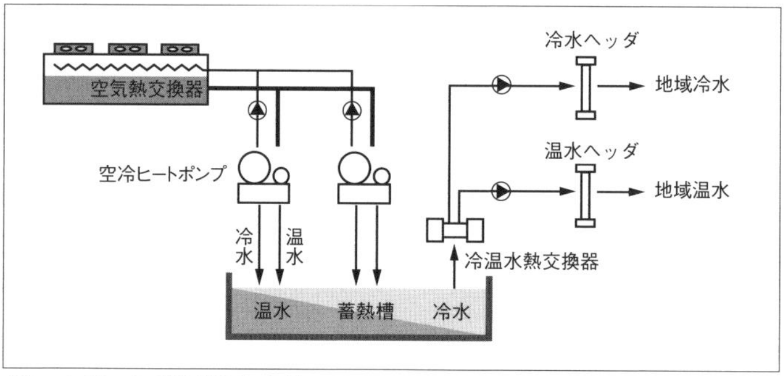

②ヒートポンプ＋蓄熱槽（電気方式）

ヒートポンプで冷水と温水を製造する。その際、夜間に熱を製造し、蓄熱槽に蓄えて、翌日の昼間に放熱利用する方式が多い。安価な夜間電力を利用できるとともに、熱源装置の部分負荷率を高められる。

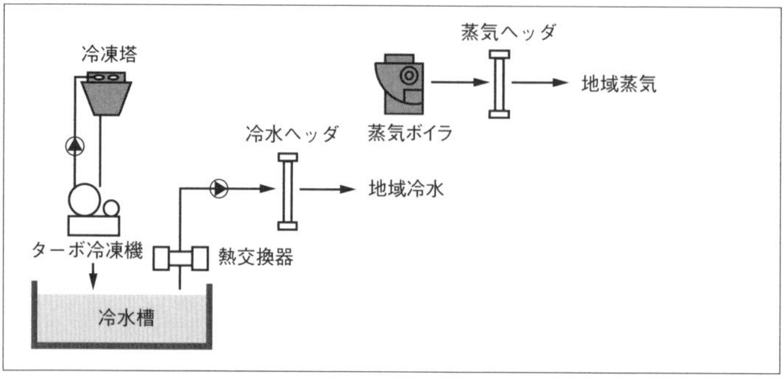

③蒸気ボイラ＋電動ターボ冷凍機（ガス方式と電気方式の併用）

蒸気ボイラで暖房・給湯用の蒸気を製造し、電動ターボ冷凍機で冷水を製造する。

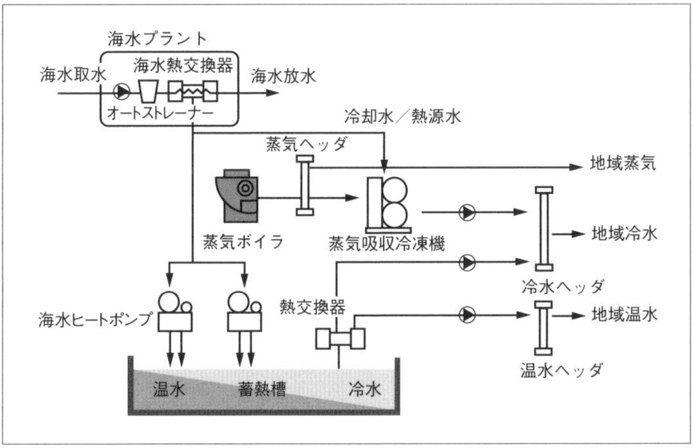

④未利用エネルギー＋ヒートポンプ

水熱源ヒートポンプで冷水と温水を製造する。その際に、河川水や海水などを熱源水あるいは冷却水として活用する。これらの水温は、大気の温度と比べて夏期は低く冬期は高い傾向がある。そのため夏期は冷却水として、冬期は熱源水として活用することで熱源装置の効率を向上させる効果がある。

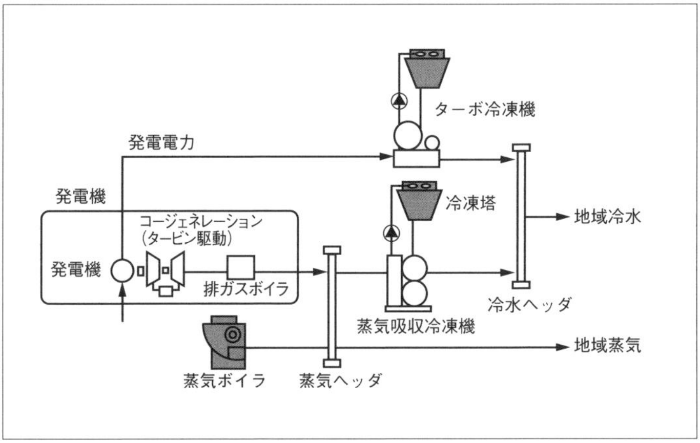

⑤コージェネレーション＋蒸気ボイラ＋蒸気吸収冷凍機＋電動ターボ冷凍機

電動ターボ冷凍機、蒸気吸収冷凍機と蒸気ボイラで、冷水と蒸気を製造するシステムであり、①と③の併用システムである。その際に、コージェネレーションの発電電力と排熱回収蒸気（温水）が利用される点に特徴がある。コージェネレーションの発電効率が向上する中で、省エネ効果が期待される方式である。また、コージェネレーション排熱の代わりに、未利用エネルギーの１つである清掃工場のごみ焼却時の排熱回収蒸気（温水）を用いるシステムもある。

図5-11　標準的な熱源システムの代表例
（出典：日本熱供給事業協会『熱供給事業便覧』2012年度版）

6
これからの都市・地域エネルギーシステム

6-1
エネルギーの面的利用にむけて

20ページで述べたように、空間のエンドユーザーである生活者に、その性能を提供する役割を担っている建築や地域・都市づくりの分野は、トータルなリスクが低減される空間デザインを行っていく必要がある。すなわち、気候変動を軽減する「緩和策」となる日常の省エネルギー・省CO_2の実現、気候変動にともなう極端気象、生物多様性喪失にともなう災害への脆弱化、人間の力では発生を阻止できない地震などの非常時の災害への「適応策」といったものの総合的な解を提示することが求められる。このような視点から、省エネルギー・省CO_2を実現しつつ、被災時にも供給が途絶えにくい、供給信頼性の高いシステムとすることが必要である。

さらに、2011年3月に発生した東日本大震災での原子力発電所の被災の教訓をふまえ、都市圏外の遠隔地にリスクを負わせない都市、リスクの高い原子力発電への依存をできる限り小さくするシステムとしなければならない。以上から、今後の都市・地域におけるエネルギーシステムはどのような性能を備えるべきか、またその具体的な方策とはどのようなものかを以下に整理する。

①必要エネルギー量、外部依存が小さい都市・システム——[緩和策]

都市活動で必要なエネルギー量が小さいほど、省エネルギー性、省CO_2性にすぐれ、地球環境への負荷が軽減できる［緩和策］となる。その実践には3つの段階を考える必要がある。第1に「負荷を減らす」、第2に「消費量を減らす」、第3に「環境負荷の小さいエネルギーへ転換する」ことである。建築との対比でわかりやすく図6-1に示す。「負荷を減らす」ためにはコンパクトな都市へ再構築し、風の道、水の循環などの自然環境の特性を生かし、ライフスタイルの変革も含めた取り組みが必要である。「消費量を減らす」ためには、地域冷暖房・コージェネレーションなどを組み込んだ、面的な広がりをもつ分散型エネルギーシステムの構築と適切なマネジメントなどによる高効率化が必要である。「環境負荷の小さいエネルギーへ転換する」ためには、未利用エネルギーや再生可能エネルギーなどの環境負荷の小さい地産地消のエネルギー源の利用が必要である。

以上の3つの段階については、52ページ以降の6-2〜6-4で具体的に詳しく解説する。なお、こうした取り組みによる必要エネルギー量の削減自体が、外部依存を小さくすることでもあり、都市圏外のリスク軽減にもつながるとともに、②に記す災害時の供給途絶が生じにくいシステムの実現を容易にする。

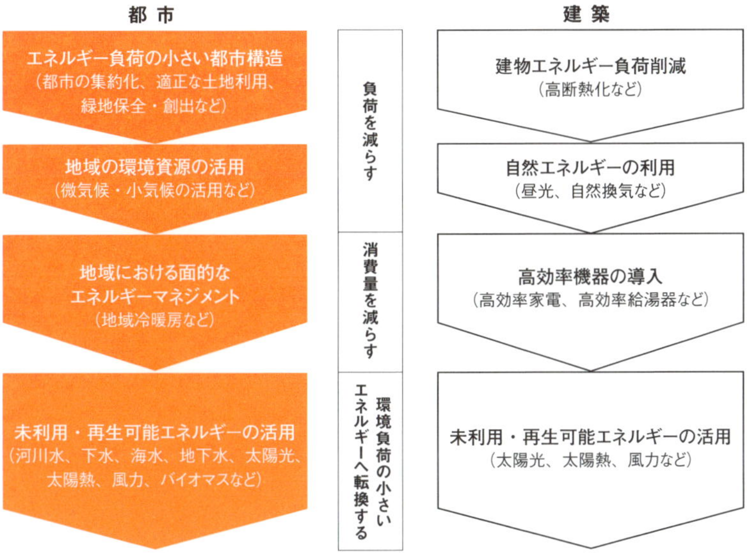

図6-1　負荷軽減の[緩和策]としての3段階、建築と都市の対比

②災害による被災、供給途絶の起こりにくいエネルギーシステム――[適応策]

地震に対する耐震性を高める必要があることはいうまでもない。さらに、システムの計画面からは、地産地消の自前のエネルギー源の利用、エネルギー貯蔵機能の整備、自立性を備えながらも相互に連携するなどで供給信頼性を高めるシステムの構築、エネルギー源や供給網の多重化などの具体策がある。これらは①の必要エネルギー量、外部依存が小さい都市・システムの実現にも寄与する。企業や自治体のBCP（事業継続計画）、DCP（地域継続計画）など、災害時にもその機能を維持するために途絶が起こらないライフライン構築という役割も担う。

以上の2点をふまえ、具体的な姿を描くと次のようになる（図6-2）。比較的高密度な地域に導入されたこれらの熱供給網は、第5章で述べた「消費量を減らす」ための地域のエネルギーマネジメントの基盤となる。すなわち、複数のプラントが相互に連携しながら、季節や時間によって変動する需要に対応して、効率の高いプラントから順次稼働させるなどにより、全体としての高効率化を図る。熱供給網があることで、発電にともない発生する熱もオンサイトで利用できることから、コージェネレーションの導入も効果的である。そしてコージェネレーションを電力網でも連携し、電力、熱のネットワークで支えることによって、需要・供給のバランスの細かい制御ができ、また供給の多重化も実現する。このネットワークシステムの中には蓄熱、蓄電の機能も組み込み、より柔軟な運転が可能である。このシステムの適切なマネジメントは、現在、研究開発が進んでいるスマートシティの情報通信技術によって、より賢いシス

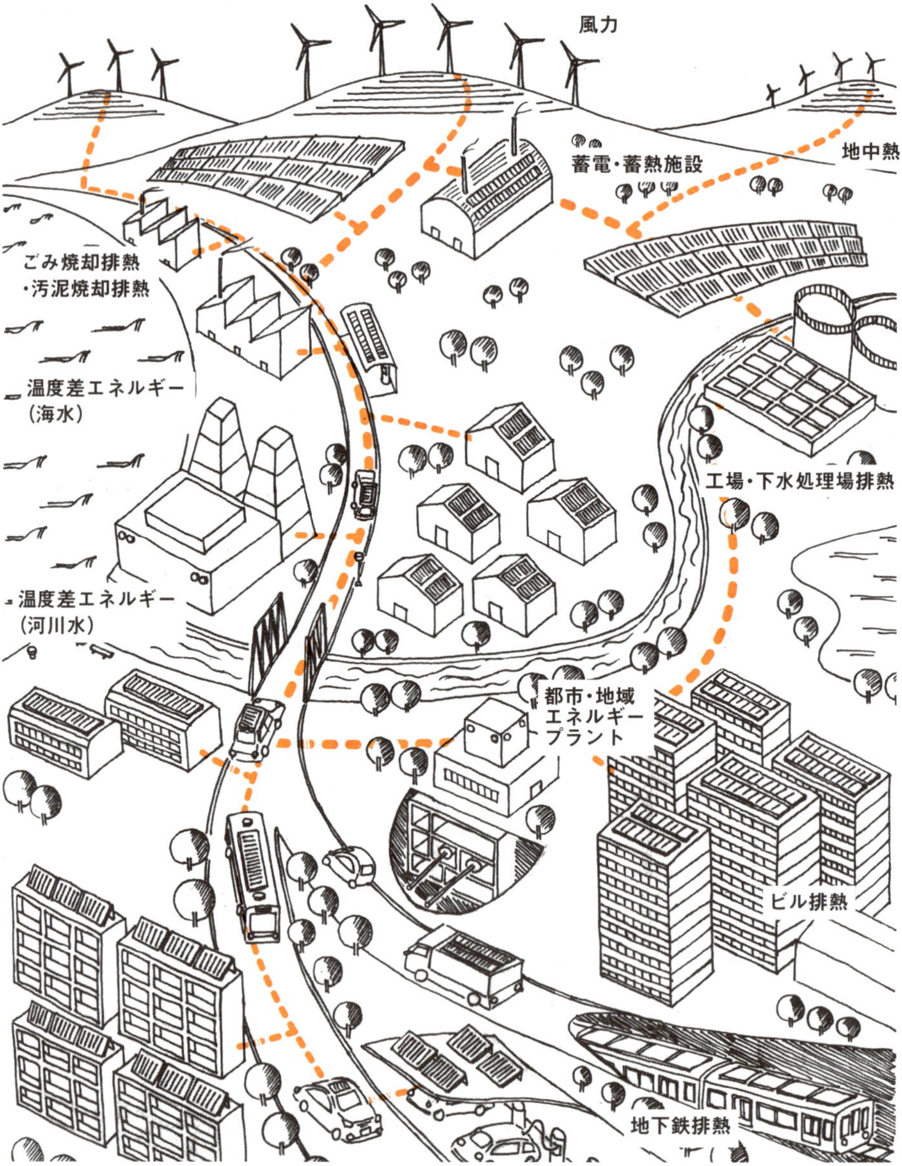

illustrated by Mariko Yokogi

図6-2 自律分散型拠点が連携するこれからの都市・地域エネルギーシステムのすがた

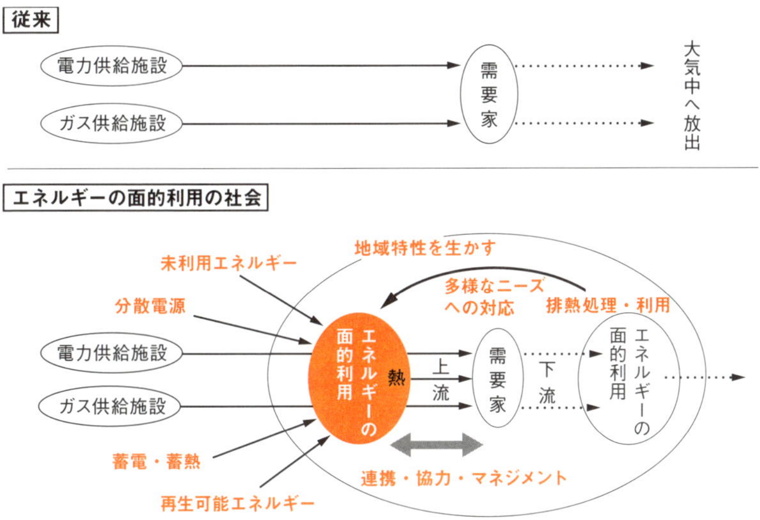

図6-3　エネルギー面的利用の社会

テムへと発展していく。

非常時については、コージェネレーションが地域の自立的な電源の確保に貢献する。また、プラントの相互連携や蓄熱・蓄電によって、災害時に施設が被災して供給機能が停止した場合でも、連携しているほかの施設からの供給が可能であるなど、災害時の冗長性を備え、供給途絶が起こりにくい。

さらにこのシステムは、ごみ焼却場や工場からの排熱を受け入れ、太陽エネルギー、バイオマスなどの再生可能エネルギーを組み込むことで「環境負荷の小さいエネルギーへ転換する」ことが容易である。公共施設や公共空間に存在し、未利用エネルギー源であるごみ焼却場や河川・海水は、公共的な意義が大きい都市・地域エネルギーシステムで利用するべきものであり、また、太陽エネルギーの大規模な利用にあたっては、その変動を吸収する必要がある。熱供給網を基盤としていることによって、こうしたニーズに応え、多様なエネルギーを組み込み、適切なマネジメントが可能な都市・地域エネルギーシステムが実現する。

このような都市・地域エネルギーシステムは、図6-3に示すように、従来のエネルギー供給事業者から需要家に電力やガスが供給され、CO_2や排熱が廃棄される一方通行のシステムから、事業者と需要家が連携、協力して賢く（スマートに）エネルギーを使い、環境負荷を低減していく面的利用の社会を実現する。

（この項目、佐土原聡「地域冷暖房の課題と展望」月刊『省エネルギー』省エネルギーセンター、2011年7月号より引用）

6-2
負荷を減らす

都市・地域のエネルギー需要特性

都市・地域のエネルギー負荷を減らすために、まずはそのエネルギー需要特性を把握する必要がある。需要特性とは、季節や時間帯ごとの電力・熱エネルギーの需要変動の特徴であり、これは、その都市・地域がどのような用途・規模の建物によって構成されているかで決まってくる。

建物はその用途に応じて、冷房、暖房、給湯、電力の消費先別のエネルギーの使い方が似ており、またその消費量はおおよそ建物規模に比例する。そこで、建物のエネルギー需要（負荷）を推計するためには、建物用途と延床面積、そしてその用途がもつ平均的なエネルギー需要特性のデータが必要となる。この、用途ごとの平均的なエネルギー需要特性データを単位床面積あたりに換算したものを「エネルギー需要（負荷）原単位」と呼んでいる。表6-1にその例を示す。この表は、建物用途ごと、エネルギー消費先ごとの年間エネルギー需要量を示しているが、これと月別・時刻別の需要変動パターンデータを組み合わせると、詳細な需要特性が把握できる。

図6-4に、建物用途別の電力・熱負荷パターン例を示す。事務所（標準型）や店舗の負荷は日中に集中している一方、ホテルや病院はほぼ終日負荷が発生しており、特にホテルの熱負荷のピークは夕方から夜であることなどがわかる。なお、原単位データは多数の建物のエネルギー消費量を調査して平均化したものであり、出典によって調査建物の種類、棟数、調査年代、立地場所などが異なるため、用途分類やデータ値も若干異なることを補足しておく。

都市・地域のエネルギー需要特性を推計するには、その都市・地域内の各建物のエネルギー需要量すべてを合算して求める。単一の建物用途であれば地域としての需要特性もその用途と同じになるが、さまざまな用途・規模が組み合わさることで、需要特性は変わってくる。

地域全体としての時刻別の需要変動が小さく、すなわち負荷が平準化されれば、熱源設備の稼働時の効率は向上するため、地域全体としての省エネルギー化にもつながる。

また、都市の中での地域ごとのエネルギー（電力や熱）負荷の集中度合いを表す指標として、「エネルギー負荷密度」がある。これは、

表6-1　各種建物の年間エネルギー需要（負荷）原単位
（表6-1および図6-4出典：空気調和・衛生工学会「都市ガスによるコージェネレーションシステム計画・設計と評価」1994年、pp.138～142をもとに作成）

			事務所（標準型）	事務所（OA型）	病院	ホテル	店舗	スポーツ施設	住宅
熱負荷	冷房	(MJ/m^2 年)	293	553	335	419	523	339	33
	暖房	(MJ/m^2 年)	130	247	310	335	147	339	84
	給湯	(MJ/m^2 年)	9	8	335	335	96	3,663*	126

＊スポーツ施設の給湯負荷は建物規模（m^2）の影響が少ないため実数値で示す

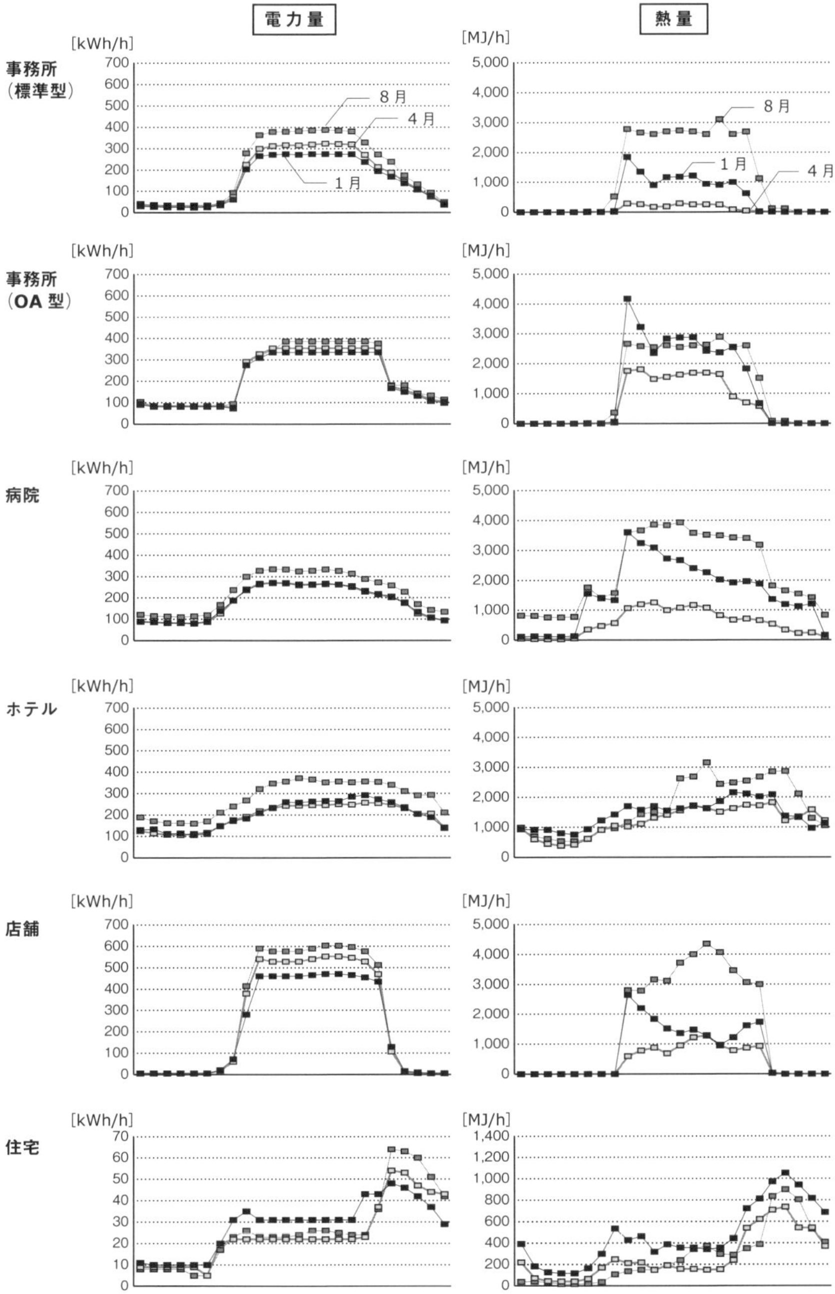

図6-4　建物用途別電力・熱負荷パターン例(延床面積10,000m^2の場合)

地域のエネルギー負荷合計（例えば年間値）をその地域面積で割って求められ、町丁目単位や、1km、500m、250mなどのメッシュ単位で求める。このエネルギー負荷密度を、その密度レベルによって都市地図上で色分けして表現したものを「エネルギー（電力·熱）負荷密度分布図」と呼ぶ。この図からは、都市の中で、どのあたりの地域にどの程度の負荷が集中しているかが認識できる。

図6-5に、愛知県名古屋市を例にとった年間熱負荷密度分布図の例を示す。これをみると、名古屋駅周辺と中心市街地に熱負荷密度の大きな地域が集中し、郊外駅周辺や幹線道路沿いにも点在している様子がわかる。町丁目マップではエリアごとに面積が異なるため大きなエリアほど密度は小さくなるが、エネルギー関連施策を検討する際には、行政区単位でデータが把握できるため扱いやすい。一方、メッシュマップはエリア面積がすべて同一であり、250mメッシュレベルでは町丁目よりも小さなエリア単位となるため、エネルギー負荷密度分布の詳細な分析や、他都市との比較の際に用いられる。

負荷を減らす取り組み

建物のエネルギー負荷を減らすには、一般に高断熱化などで建物性能を向上させた上で、採光・通風など自然エネルギーを活用する工夫を行う。一方、都市の場合には、コンパクト化や緑地の保全などでエネルギー負荷の小さい都市構造にした上で、風の道、微気候（後述）の利用など、地域の自然環境を活用する取り組みをする必要があり、そうした取り組みに合わせたライフスタイルの変革も重要となる。

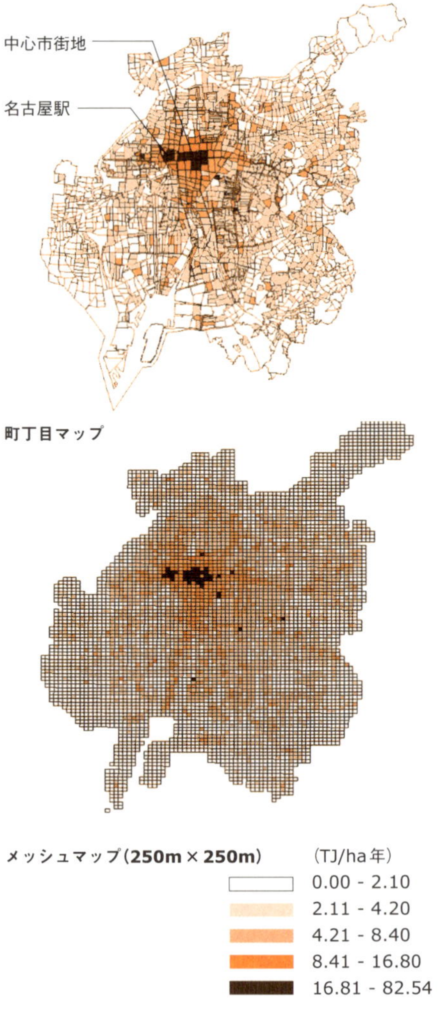

図6-5　年間熱負荷密度分布図の例（名古屋市）
（出典：中島裕輔ほか「都市におけるエネルギー面的利用マスタープラン作成手法に関する研究 名古屋市におけるケーススタディ」日本建築学会関東支部研究報告集、pp.9-12、2011年3月）

まず、都市のコンパクト化についてであるが、市街地が拡大（スプロール）した状態では、電力・ガス・上下水といった都市インフラの供給距離が長くなって非効率な上に、人々の移動距離も長くなり、交通・輸送エネルギーが大きい。

図6-6に示すように、1人あたりの自動車CO_2排出量は、人口密度の低い地方圏都市は東京区部や大阪などの大都市の2～4倍と大きい。これは、鉄道やバスなどの公共交通が発達している大都市に対して、個人単位での自動車移動が多い地方圏都市では、エネルギー的にみて移動や輸送が非効率であるといえる。これまでの市街地構造の変遷をみると、特に地方都市では市街化の進行にともなって低密度に広がっていく傾向が大きく、郊外ニュータウン開発や郊外型大規模ショッピングセンターの建設とともに市街地全体が低密度化・希薄化し、中心市街地の活気も失われているケースが多い。これはエネルギー的にみても非効率といえる。そこで今後は、基幹的な公共交通を再整備し、これに沿って職住の集約拠点を形成して、活気のある中心市街地を取り戻したコンパクトな都市構造へと転換していくことが重要となる（図6-7）。

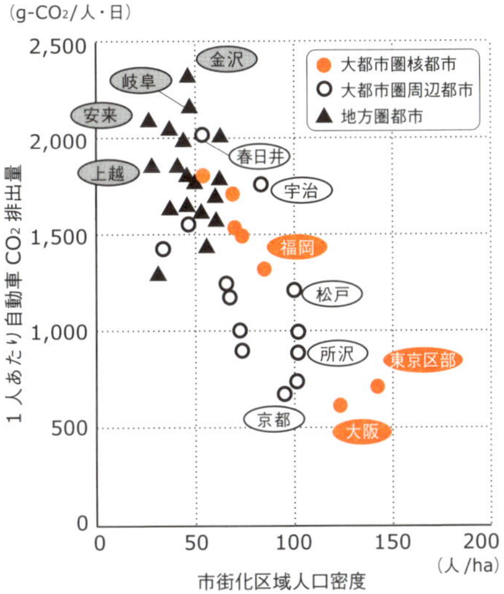

図6-6　人口密度と1人あたり自動車CO_2排出量
（出典：谷口守「都市構造から見た自動車CO_2排出量の時系列分析」『都市計画論文集』No.43-3、2008年10月）

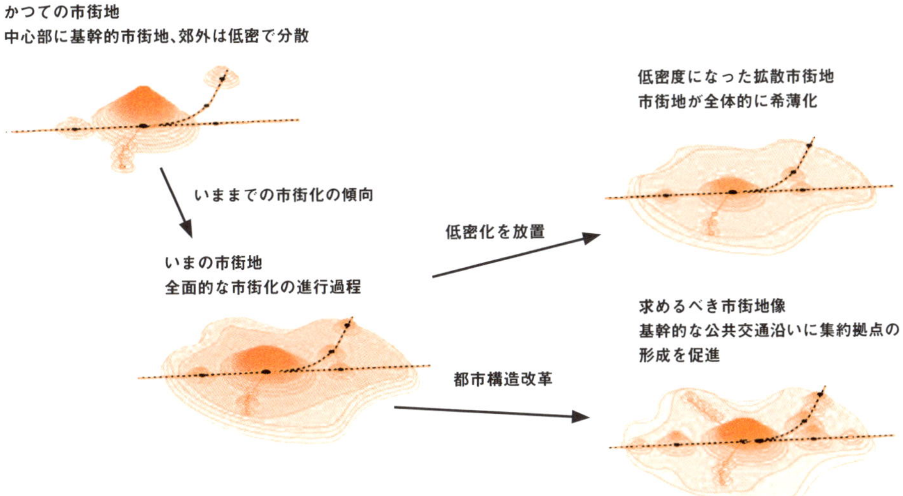

図6-7　コンパクトな都市構造への転換イメージ

環境モデル都市の1つに選定された富山県富山市では、その提案資料にて、中心市街地や公共交通沿線への機能集積と公共交通の活性化を軸とした「コンパクトなまちづくり」を提案・推進している。具体策として、新たな公共交通として中心市街地にLRT（Light Rail Transit: 軽量軌道交通機関）ネットワーク（図6-8）の整備を進めており、合わせて図6-9のようなCO_2削減シナリオの試算を行っている。自動車から公共交通への利用のシフトとそれにともなう渋滞緩和による燃費向上などで、対策前に比べて3割以上のCO_2削減を見込む結果となっている。

都市のエネルギー負荷を減らすために、コンパクトな都市構造への転換とともに重要なのが、自然環境を活用する取り組みである。地形や建造物が形づくる狭い地域における気温・湿度・風・日照などの気候のことを「微気候（あるいは微気象）」と呼ぶ。微気候はその地域にある緑地や河川などの自然環境からも大きな影響を受ける。例えば夏には河川などの風の道を伝って上ってくる海風による涼風や、森林緑地からにじみ出てくる冷気流があり、これらをうまく活用することで、ヒートアイランド現象などによる暑熱環境を緩和することができる。

この微気候をまちづくりに生かすためのツールに、「クリマアトラス（都市環境気候図）」がある。ドイツ語で「クリマ」は気候、「アトラス」は地図集を意味する。気候学的な視点から大気汚染対策に取り組むため、1970年代からドイツで作成されはじめ、現在では自然環境の保全と省エネルギー性を考慮した都市計画を行うためのツールとして使用されている。図6-10に、神戸地域のクリマアトラスの例を示す。これは、夏期の熱環境対策に資することをおもな目的として作成されたもので、図中央に風配図（風向の頻度分布と風向別の出現頻度を放射状のグラフで描いたもの）が示されるとともに、山風が夜間の冷気流として市街地に流れ込んでくる経路などが描かれている。クリマアトラスの日本での活用はまだあまり進んでいないが、気候を分析した専門家がこのクリマアトラスを作成し、市民や自治体の都市計画部門と連携してヒートアイランド緩和策を検討するなど、今後の活用が期待されるツールである。

図6-8　富山市内を走るLRT

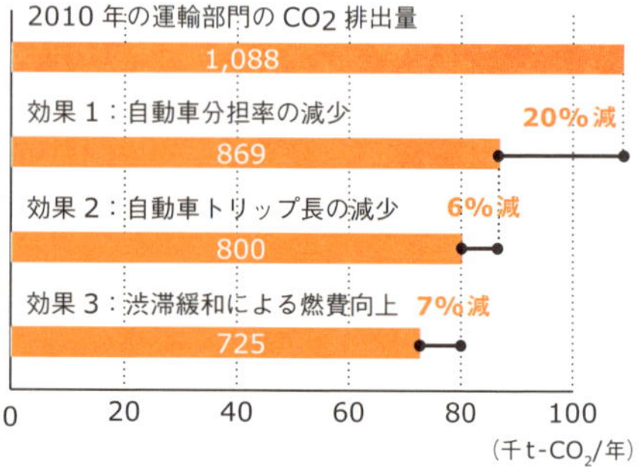

図6-9　富山市のCO_2削減シナリオ試算
（出典：富山市「環境モデル都市」提案資料）

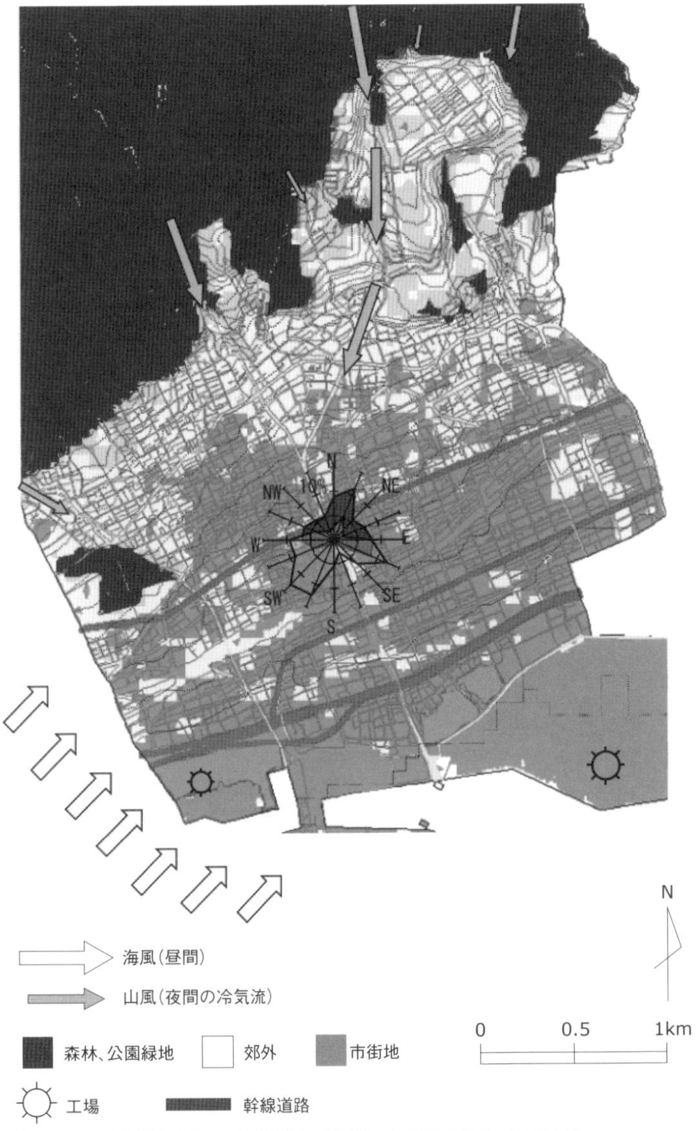

(注:風配図は灘監視局の夏季晴天日観測結果、白は昼6〜18時、黒は夜19〜5時を示す)

図6-10　神戸地域(灘区)のクリマアトラス
(出典:森山正和作成、都市環境学教材編集委員会編『都市環境学』森北出版、2003年)

6-3
消費量を減らす

(1)都市·地域エネルギーのマネジメント

消費量そのものを減らす取り組みとして、マネジメントという考え方と、建物間エネルギー融通の考え方を紹介する。

エネルギーマネジメントの必要性

都市・地域エネルギーシステムは、需要家に冷暖房用の冷水・温水あるいは電気を供給する。システムの効率は装置の部分負荷の出現頻度に影響されるため、システムの省エネには需要家群により生成される需要（負荷）推移が重要である。現在は需要家のニーズに合わせてシステムが供給する形式である。しかし、なんらかの方法で、需要負荷推移において装置の部分負荷が高負荷率となる時間帯を増やすことができればシステムの効率はより向上する。この方法の1つとして期待されているのが需要家のマネジメントである。

建物の二次側設備との連携による最適制御

需要家のマネジメントの1つが、地域熱供給システムにおける需要家側との連携による熱源システムの最適制御である。そのイメージを図6-11に示す。1つ目は、建物側における大温度差供給（⊿T = 7℃→10℃）である。これにより供給流量を抑制でき搬送動力の低減につながる。2つ目は、変温度送水である。これは中間期·冬期の低負荷時に、各需要家の空調システムの稼働情報をもとに冷水の供給温度を変化させることであり、熱源システムの効率向上につながる。

3つ目は、実末端圧制御である。これは、各需要家の空調システムの稼働情報をもとに供給圧力を変化させることであり、供給ポンプの搬送動力の低減につながる。

4つ目は、ICT（Information and Communication Technology）を活用した建物二次側情報の収集と連携制御である。これは、需要家の受入設備と空調機廻りの情報を収集し、冷暖房負荷予測とそれによる熱源システムの最適運転を実施することであり、熱源システムの効率向上につながる。

スマートエネルギーマネジメント

前述したマネジメントは熱源システムと需要家の空調システムとの連携のことであり、よりいっそう需要家のエネルギー需要（使い方）をマネジメントするイメージが図6-12である。

1つ目は、地域熱供給に限らずに、需要家と相互に情報交換をし、一体的にエネルギーシステムを運用することで地域のエネルギー利用の最適化を図る。その際には、太陽光発電などの分散電源の一体的運用も含まれる。

2つ目は、需要家の建物のフロアやテナント単位のエネルギー使用量の計測計量し、需要側の使用状況を「見える化」するとともに、再生可能エネルギーなどの利用状況を「見える化」する。これらにより建物使用者の省エネ意識・行動を醸成する。このイメージを図6-13に示す。

以上を実施するのがスマートエネルギーマネジメントセンターであり、エネルギー供給側と需要側の情報の収集やそれによる地域全体のエネルギーシステムの監視·制御を担う。

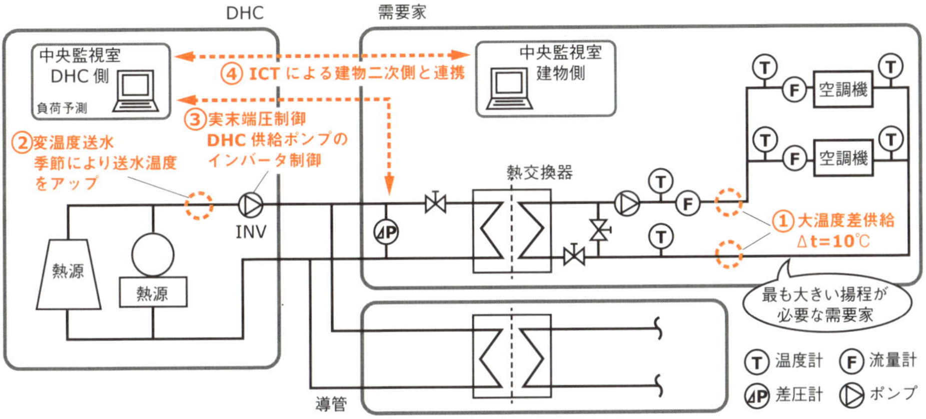

図6-11　ICTを活用した需要家側との連携による熱源システムを最適制御のイメージ
（図6-11～13出典：佐藤信孝「既成市街地におけるエネルギー有効利用のあり方と地域熱供給」2011年、経済産業省「平成22年度地域熱供給シンポジウム」講演資料）

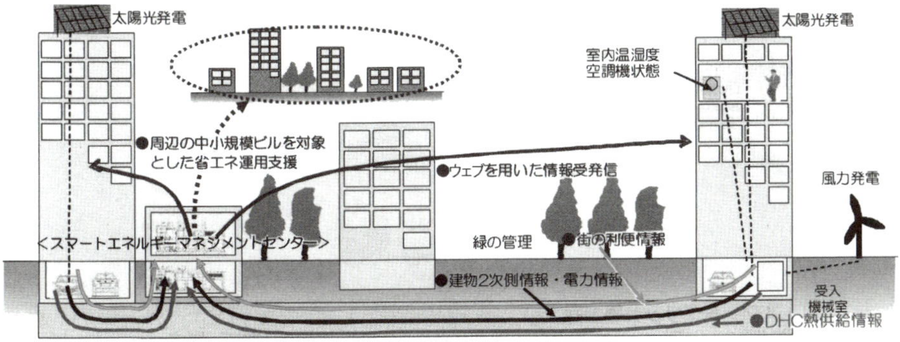

図6-12　地域のスマートエネルギーマネジメントのイメージ

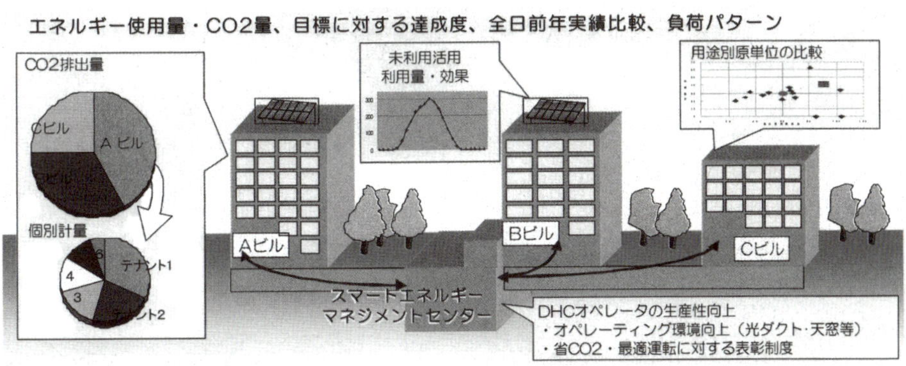

図6-13　エネルギーマネジメントにおける「見える化」のイメージ

(2)建物間エネルギー融通

既成市街地内の既存建物の省エネの重要性

新規に開発される建物の場合、さまざまな建築的な省エネルギー手法の採用、省エネルギーシステムの導入が採用されやすいが、都市ではもはや新規開発の建物の数はごくわずかで、大多数は竣工後10年以上を経過した建築物である。建築分野での省エネルギーを考える場合、この既存建築物（ストック）の省エネをいかに行うかが重要である。また、エネルギーの面的利用の1つである地域冷暖房も、地域の熱供給配管の整備に大きなコストが生じるため、都市の面的な再開発を契機に導入される場合が多く、既成市街地に導入されるケースは稀である。図6-14は地域冷暖房の導入が期待される高熱負荷密度地区における既成市街地の割合を示したものである。地域冷暖房の導入が期待される高熱負荷密度地区は、都市中心の既成市街地が70％以上である。このような理由から、既成市街地の既存建築物の省エネルギー化は重要であるものの、対策は困難な状況である。

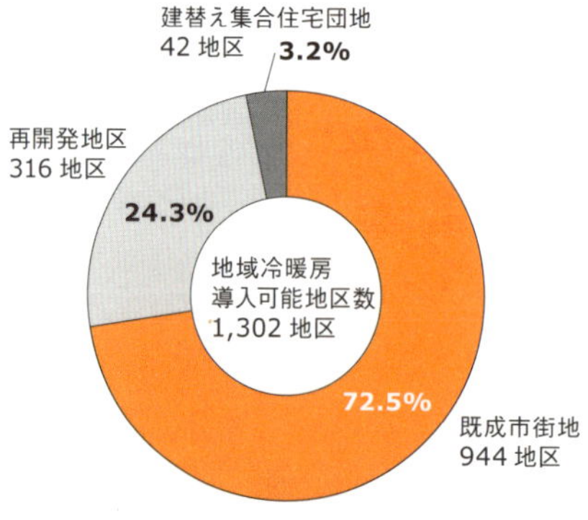

図6-14　地域冷暖房導入が期待される地区の内訳
(出典：佐土原聡ほか「日本全国の地域冷暖房導入可能性と地球環境保全効果に関する調査研究」『日本建築学会計画系論文集』510号、pp.61-67、1998年8月)

建物間エネルギー融通

このような状況の中で注目を集めているのが建物間エネルギー融通である。これは、個別集中熱源システムを独自に有する隣りあう2～3棟の既存建築を熱融通配管および電力ケーブルによって接続し、各建物の熱源設備、電気設備の能力をお互いに共有し、エネルギー需要に合わせて効率よく最適な設備でエネルギー（電力や熱）を生産し融通しあうシステムである。

図6-15は建物間エネルギー融通システムのイメージを示したものである。業務系ビル、病院、ホテルといった3棟の隣りあう建築物がある。

それぞれの建物は竣工年が異なり、業務系ビルは設備の経年劣化などから設備更新の時期を迎えている。また、病院は災害時の電源確保の観点から自立電源としてコージェネレーションシステムの導入を検討している。もともとは、各建物が独自にもつ設備でそれぞれの建物のエネルギー負荷に応じてエネルギーを生産し供給していた。業務系ビルが設備更新により高効率の熱源機器を導入すれば、業務系ビル自身のエネルギー効率が向上するのはもちろんであるが、夜間や中間期などの低負荷時には高効率機器に余剰能力が発生する。ほかの2棟の既存の熱源機器に比べると新しく業務系ビルに導入される熱源機器の方が効率が良いことから、このビルの低負荷時に新規導入した高効率機器を優先的に稼働してほかの2棟に熱融通をすれば、高効率機器も効率の悪い低負荷運転を回避でき

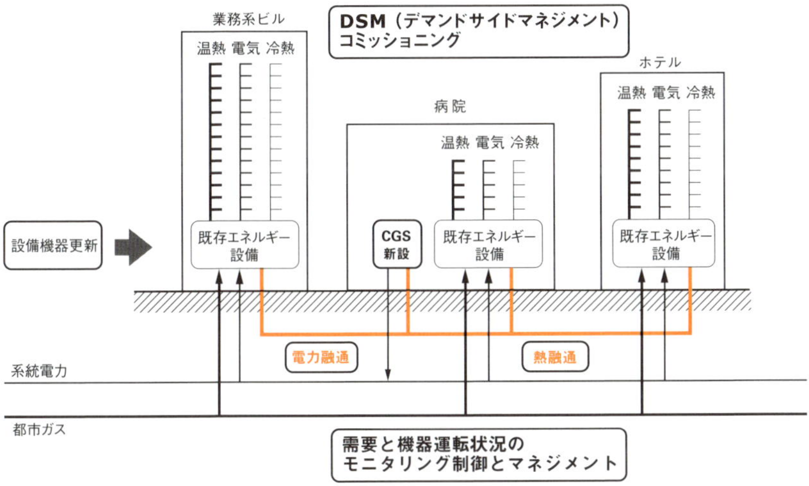

図6-15　建物間エネルギー融通のイメージ

るほか、ほか2棟も高効率機器の恩恵を受け、省エネになる。

また、病院に導入するコージェネレーションシステムも、病院で使用する電力の多くの割合を賄うように容量を設定すれば、中間期などに余剰排熱が出てしまう。そこで、病院で余剰熱が発生する場合はほかの2棟に優先的に供給することにより、コージェネレーションシステムの総合効率が向上し、省エネルギー性が向上する。

このように、建物間エネルギー融通では、隣りあう複数の建物のエネルギー設備を共有し、エネルギー需要にあわせてつねに最も効率よくエネルギー生産できる機器を優先的に稼働させ、コージェネレーション排熱を余らせないように、融通しあうことで省エネルギーを図るシステムである。

省エネルギーへの影響要因

建物間エネルギー融通による省エネルギー化の要因としては4つ考えられる。

1つは、建物設備の経年数の違いである。通常、熱源機器の法定耐用年数は10～15年であるが、20年以上使い続けるケースも少なくない。最新のトップランナー性能の熱源機器と20年前の熱源機器の性能を比べると、基本性能としての定格運転時の効率が大きく異なるほか、機器の経年劣化による効率低下を加えると大きな効率差となる。そのため、融通しあう建物の設備機器の経年数が離れている方が省エネルギーとなるが、融通によりすべての負荷を賄うことができるわけではないこと、いずれはどちらの建物の設備機器も更新しなければならないことを考慮すると10年程度の経年差が適当だと考えられる。

2つ目は、エネルギー負荷パターンである。病院のように比較的負荷変化の小さい建物の場合、機器の低負荷運転の時間が少なくなるため融通できる量が少なくなる。一方で、業務施設のように季節、昼夜で負荷変化が大きい建物の場合、機器の低負荷運転時間が大きいため、融通できる量が多くなる。よって業務施設の低負荷時にも負荷があるような建物を融通対象にすれば効果が大きい（図6-17）。

3つ目は、建物エネルギー負荷の大小の問題である。例えばエネルギー負荷の大きな建物の熱源機器が高効率機器に更新される場合、エネルギー負荷の小さい建物は融通によって多くの割合を賄うことができるが、逆の場合は、エネルギー負荷の小さい建物からの融通可能量は小さいため、エネルギー負荷の大きい建物の負荷のごくわずかの部分を賄うだけとなる（図6-18および図6-19）。

4つ目は、融通距離である。熱融通の場合、熱融通配管の熱ロス、搬送にかかるポンプ動力分だけ損失となる。この損失を大幅に超える省エネルギーが確保できないと熱融通配管などの設備投資を回収できない。よって、配管熱ロス、搬送動力をできるだけ小さくするためには、熱融通距離（隣棟間隔）は短い方がよい。また、建物によっては屋上や高層階に熱源設備がある場合、熱融通距離が大きくなるので注意が必要である。

導入にむけた課題

熱供給事業法適用の地域冷暖房の地域配管は、都市計画法において「その他の供給処理施設」として公共性をもつ施設に位置づけられているため、道路の占用許可を受けることが可能であるが、供給量が小さく建物所有者間の相互契約による熱融通配管は、都市施設としての法的位置づけがない状況であり、公道を縦断、横断する場合は道路占用許可を受けられない可能性があることが課題である。

また、建物所有者間の相互契約ということで、お互いの合意形成が難しい。建物間エネルギー融通の導入先行事例である新横浜3施設の場合（102ページ参照）は、3つの建物すべてが横浜市の外郭団体が所有する建物であったこと、そのうち2棟は同一の所有者であったことで、3棟間での熱融通、2棟での共同受電、電力融通が可能となった。その後、いくつかの後発事例や提案が出てきているが、いずれも同一主体間の連携、自治体やエネルギー事業者の仲介や支援を受けての融通である。異なる建物所有者間での合意形成は困難が大きいことから、街区程度の単位で複数建物をまとめ、その中でエネルギーをマネジメントする組織が求められている。

図6-15の建物間エネルギー融通のイメージでは、電力は系統電力を介して融通する図となっている。これは、電気事業法により、現状異なる所有者をまとめて共同受電することが比較的難しいこと、電力の供給（融通も含まれる）は電気事業者でなければならないといった問題があるためである。いま世の中では「スマートグリッド」「スマートエネル

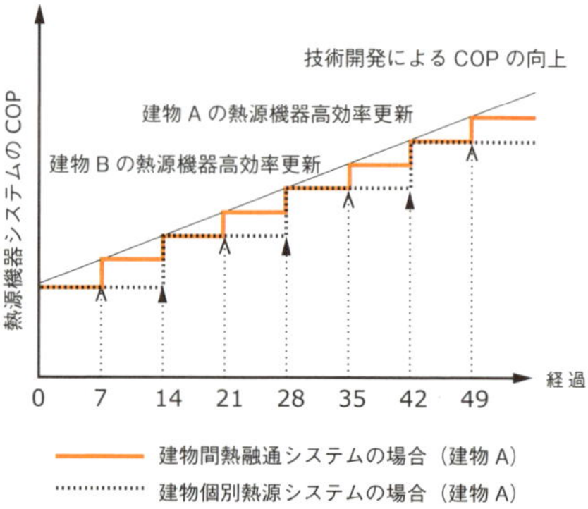

図6-16　技術開発による熱源機器COPの向上を活かす

ギー」などの言葉がよく聞かれるが（77ページ参照）、いずれも情報通信技術と電力エネルギー供給システムの統合であり、熱だけでなく電力もあわせて地域でうまくマネジメントしていくことが重要である。そのためには、電気事業法などの規制の緩和、地域単位での蓄熱槽、蓄電池の導入などの検討が必要である。

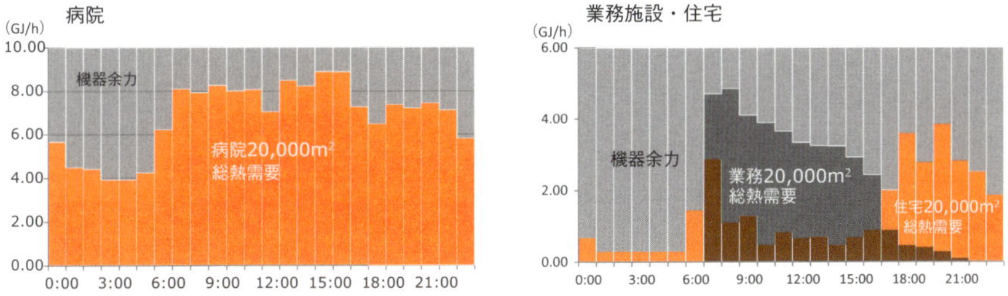

図6-17　エネルギー負荷パターンによる機器余力(ともに冬期(1月)の熱需要量)

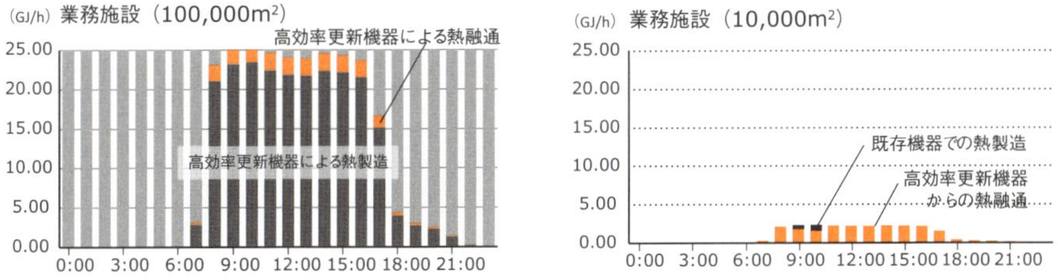

図6-18　建物規模の違いによる効果の違い(ともに夏期(8月)の熱需要量。規模大→規模小)

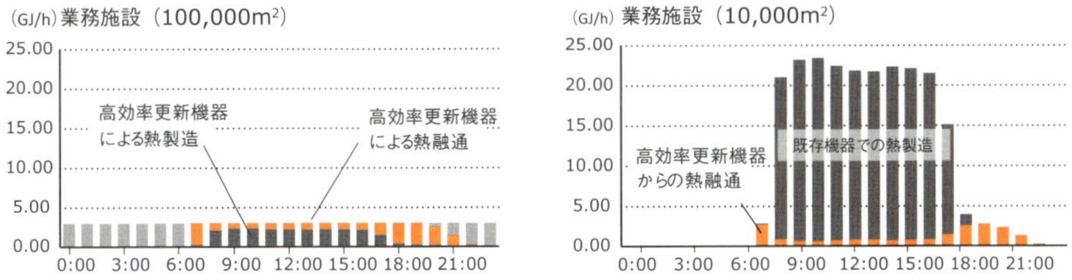

図6-19　建物規模の違いによる効果の違い(ともに夏期(8月)の熱需要量。規模小→規模大)

6-4
環境負荷の小さいエネルギー源を利用する

本書で述べる「環境負荷の小さいエネルギー源」とは、枯渇性エネルギーである石油や石炭などの化石燃料をまったく、あるいは極力使わず、地球温暖化や大気汚染などへの影響が小さいエネルギー源のことを指している。近年、「自然エネルギー」や「未利用エネルギー」「再生可能エネルギー」などざまざまな用語が使われている。これらの中でも最も広範囲を網羅しているのが再生可能エネルギーと考えられるが、用語によっては定義が途中で変更されたり、曖昧なものも多い。本書では、時期によっては政府方針の枠組みなどと異なる項目もあるかもしれないが、再生可能エネルギーの中でも未利用エネルギーとそのほかの再生可能エネルギーという形で大きく分けて解説する。

(1)未利用エネルギー

河川水・下水などの温度差エネルギーや工場・地下鉄などの排熱といった、いままで利用されていなかったエネルギーを総称して、「未利用エネルギー」と呼ぶ。表6-2に未利用エネルギーの種類と特徴をまとめたものを、表6-3に未利用エネルギーを活用した地域熱供給の事例を示す。種類によって、温度レベルから利用方法、賦存量まで多種多様であり、すでに多くのエリアで活用されているものもあれば、まだ活用事例が限られるものもある。

温度差エネルギー

海水、河川水、地下水、下水などは、大気比べると年間を通じて温度が安定しており、夏は冷たく、冬は暖かい。その温度差分をヒートポンプの熱源や冷却水として利用することで効率よく冷暖房ができる。

特に大都市部では、エネルギーの需要密度が高いために排熱量も非常に多く、ヒートアイランド現象による気温上昇をこれ以上進めないためにも、大量の排熱の処理方法が問題となっている。この熱の捨て場として、海水や河川水、下水の有効活用が急務ともいえる。

また、ヒートポンプとは、エネルギーと使って、低い温度の熱を高い温度の熱に汲み上げることのできる装置である。その際に、汲み上げる熱源（ヒートソース）温度と汲み上げた排熱源（ヒートシンク）温度との温度差が小さければ小さいほど、使用するエネルギーが小さくなり、効率が高くなる特性がある。一般にヒートポンプは、暖房時には、大気をヒートソースとし、室内側がヒートシンクになる。冷房時には、室内側がヒートソースとなり、大気がヒートシンクになる。よって、温度差エネルギー利用とは、暖房時においてヒートソースである大気よりも温度の高いヒートソース、冷房時においてヒートシンクである大気よりも温度の低いヒートシンクを利用することを意味する。

具体的なヒートソース、ヒートシンクとしては、前述した河川水や海水、生活排水などの中水や下水、後述する地中熱、地下水がある。河川水や海水は、地域にもよるが、夏期において大気よりも3℃程度低く、冬期では5℃程度高い。

システムとしては、図6-20に示すように、

表6-2　未利用エネルギーの種類と特徴
（出典：*1 経済産業省「平成16年度 新エネルギー等導入促進基礎調査」2005年／ *2 新エネルギー・産業技術総合開発機構「地域熱供給事業における未利用エネルギー活用の可能性調査」1994年）

	種類	形態	温度レベル	利用方法	全国の賦存量（TJ/年）[*1]	全国の活用可能量（TJ/年）[*1]
温度差	海水	水	5～25℃	HP熱源水、冷却水	8,510,138[*2]	8,510,138[*2]
	河川水	水	5～25℃	HP熱源水、冷却水	6,297,806	1,299,484
	地下水	水	10～20℃	HP熱源水、冷却水	−	−
	下水	未処理水	5～30℃	HP熱源水、冷却水	274,891	189,358
		処理水	5～30℃	HP熱源水、冷却水		
排熱	工場排熱	高温ガス	200℃～	発電、熱源、直接利用	1,286,971	1,024,641
		温水	～50℃	熱源水、直接利用	4,860	
		LNG冷熱	～5℃	発電、冷熱源	−	−
	発電所	温水（復水器）	～50℃	熱源水、直接利用	2,829,097	2,546,187
	変電所・地中送電線	冷却水・冷却油	20～40℃	HP熱源水	20,389[*2]	20,389[*2]
	地下鉄・地下街	空気	10～30℃	HP熱源水	6,253	6,253
	ビル排熱	空気、水	20～40℃	HP熱源水	−	−
廃棄物	ごみ焼却	高温ガス	200℃～	発電、熱源、直接利用	286,181	223,030
		温水（復水器）	～50℃	熱源水、直接利用		−
	汚泥焼却	焼却熱（排ガス）	200℃～	発電、熱源、直接利用	26,109	4,273
		温排水	～50℃	熱源水、直接利用		18,097
その他	雪氷熱	水、空気	～5℃	冷却水	−	−
	地中熱	水、空気	10～20℃	HP熱源水、冷却水	−	−
	コジェネ余剰熱	蒸気・温水	50℃～	熱源、直接利用	−	−
	合計	−	−	−	19,537,835	13,846,710

（注：HPはヒートポンプ、コジェネはコージェネレーションを示す）

表6-3　未利用エネルギー活用型地域熱供給の事例
（出典：日本熱供給事業協会『熱供給事業便覧』2012年度版）

未利用エネルギー種類		導入熱供給区域	区域数
温度差	海水	中部国際空港島、大阪南港コスモスクエア、サンポート高松、シーサイドももち	4
	河川水	箱崎、富山駅北、中之島二・三丁目＊、天満橋一丁目	4
	地下水	高崎市中央・城址、高松市番町＊	2
	中水・下水（生活排水）・下水処理水	盛岡駅西口＊、千葉問屋町、後楽一丁目、幕張新都心ハイテク・ビジネス、高松市番町＊、下川端再開発	6
排熱	工場排熱	いわき市小名浜、日立駅前	2
	変電所・変圧器排熱	盛岡駅西口＊、新川、宇都宮市中央、中之島二・三丁目＊、りんくうタウン、西鉄福岡駅再開発	6
	発電所抽気	和歌山マリーナシティ、西郷	2
	地下鉄排熱	新宿南口西	1
廃棄物	ごみ焼却排熱	札幌市真駒内、千葉ニュータウン都心、東京臨海副都心、光が丘団地、品川八潮団地、大阪市森ノ宮	6
	RDF・再生油	札幌市厚別＊、北海道花畔団地	2
その他	地中熱	東京スカイツリー	1
	木質バイオマス	札幌市都心、札幌市厚別＊	2
		合計	38

（注：＊は複数の未利用エネルギーを活用しているため、区域数が重複）

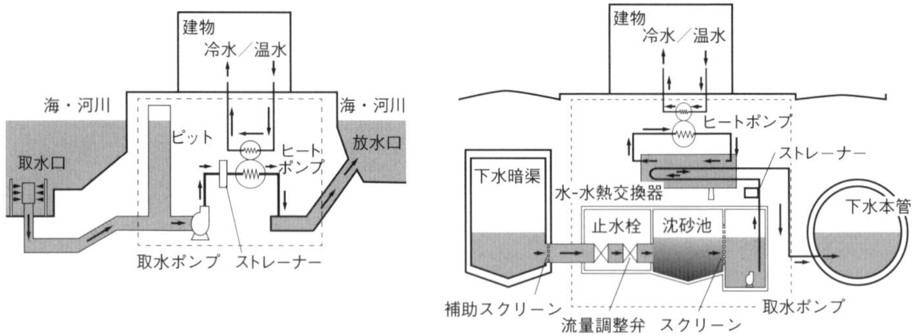

図6-20　温度差エネルギー利用のシステムフロー

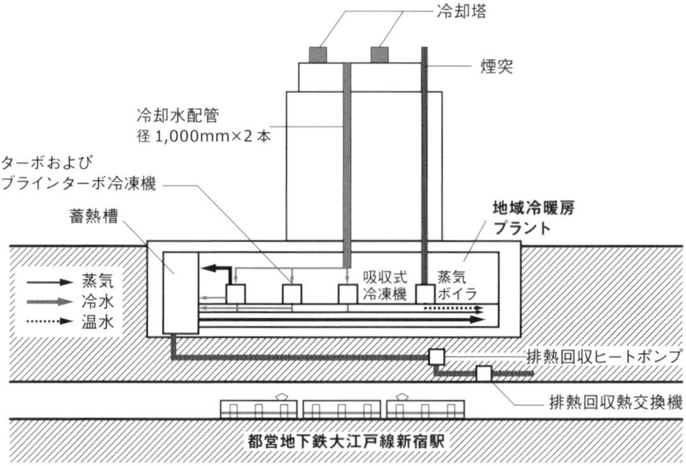

図6-21　地下鉄排熱の利用事例(新宿南口西地区)
(出典:新宿南エネルギーサービスウェブサイトをもとに作成)

河川水や海水は、熱交換器でヒートポンプとの熱交換を行う。下水利用の場合、生下水を直接利用する場合は、下水をストレーナーで夾雑物を除去した上で熱交換を行う。システムとして大きくなるため、小規模建物での導入は難しい。

排熱エネルギー

工場や発電所など高温の排熱を出す施設は、温度レベルが高い排熱ほどその利用ポテンシャルは大きく、捨てずにこれを利用すれば効果は大きい。しかし、工場や発電所は熱の需要地である市街地から離れた臨海部に立地するものが多いため利用が難しいという課題があり、変電所排熱を利用したり、工場排熱を所内の製造プロセスで利用したりする事例はあるが、賦存量をまだ十分に使いきれていないのが現状である。

また、地下鉄・地下街などの排熱も利用可能である。東京・新宿駅南口西地区の地域冷暖房では都営地下鉄大江戸線の排熱が利用され、冬期と中間期に温水として回収して需要家へ送られている（図 6-21）。これらの排熱は温度レベルが低く賦存量もあまり大きくないが、需要地の直近に存在することが大きな利点である。

廃棄物エネルギー

清掃工場のごみ焼却熱や下水汚泥などの焼却熱は、その排熱の発電や直接利用が可能である。すでに多くの清掃工場で排熱蒸気による発電利用（所内利用に加えて電力会社へ売電しているケースも多い）が行われているが、周辺地域へ熱も供給することで、その効果はさらに大きくなる。活用事例としては、東京・光が丘団地地区では、練馬清掃工場の排熱温水をヒートポンプ熱源に用いて12,000 戸の大規模住宅団地の暖房・給湯用に利用している。また東京臨海副都心地区では、有明清掃工場の排熱蒸気を取り入れ、蒸気吸収冷凍機の熱源、および温水供給の熱源として、地区内のオフィスビルや公共施設の冷暖房・給湯用として利用している。図 6-22 に清掃工場排熱蒸気を地域冷暖房プラントで活用する場合の一般的なシステムフロー図を示す。事業性を考えると、清掃工場とプラントとの距離も重要な要素であり、利用拡大にむけては、工場近くの熱負荷密度の高い地域の開拓や導管建設費の低減が課題といえる。

そのほかのエネルギー利用

雪氷熱や地中熱などは、冷房用の冷却水や

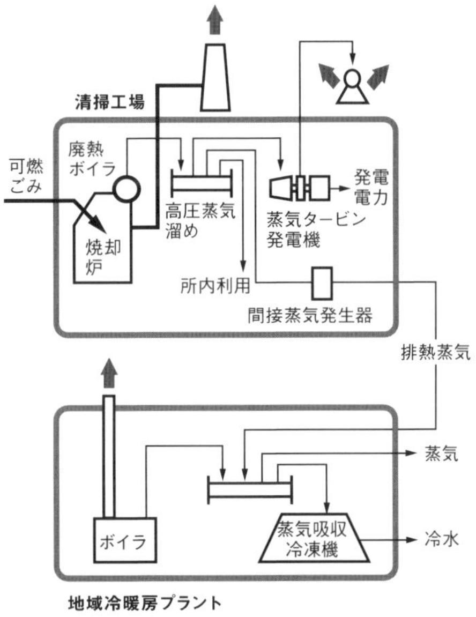

図 6-22　清掃工場における排熱利用のシステムフロー
（出典：佐藤信孝「まちづくりと一体となった熱エネルギーの有効利用に関する研究会」2011 年、経済産業省資料）

ヒートポンプ熱源として利用可能である。地中温度は、一般に深度 10 m以下は、年間を通して温度が一定であり、その地域の年間平均温度の +1.5℃程度となる（全国平均で約15℃程度）。地中熱を利用する場合は、図 6-23 に示すように、地中 100m ほどの掘削孔（ボアホール）や基礎杭部分に熱交換器を入れ、直接熱交換を行う。また、地中熱利用としては、ヒートポンプを介さずに、ヒート・クールトレンチやチューブの外気を通すことにより、直接的に外気を熱交換させ、換気利用するケースもある。地中熱利用は、比較的簡単にできるため、戸建住宅規模での利用も可能である。また、大規模事例として、東京スカイツリー地区では、地域熱供給事業として国内で初めて地中熱利用システムが導入さ

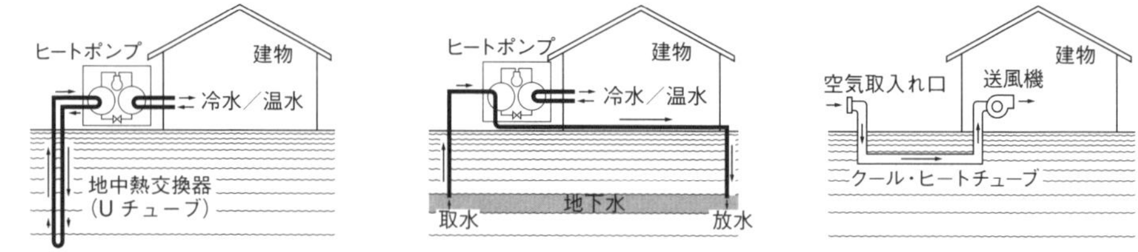

図6-23　地熱エネルギー利用システムフロー

れた（詳細は114ページ参照）。

また、コージェネレーションシステム（CGS）の排熱も未利用エネルギーの1つと位置づけられており、その蒸気や温水排熱は冷暖房・給湯の熱源として利用可能である。CGSは六本木ヒルズ地区や新宿新都心地区、幕張新都心インターナショナル・ビジネス地区などに導入され、非常時の電源確保にも役立っている（こちらも詳細は90ページおよび92ページ参照）。

図6-24に東京都区部における未利用エネルギー分布図を示す。未利用エネルギーは、その温度レベルにもよるが熱として利用するケースが多いため、利用先との距離が離れていると熱ロスが大きくなり利用に適さない。高密度な都市部では、未利用エネルギー源となりうる供給処理施設も数多く分布しており、その活用のポテンシャルは高い。地域冷暖房地区などエネルギーの面的利用と組み合わせることで導入もしやすくなるといえる。

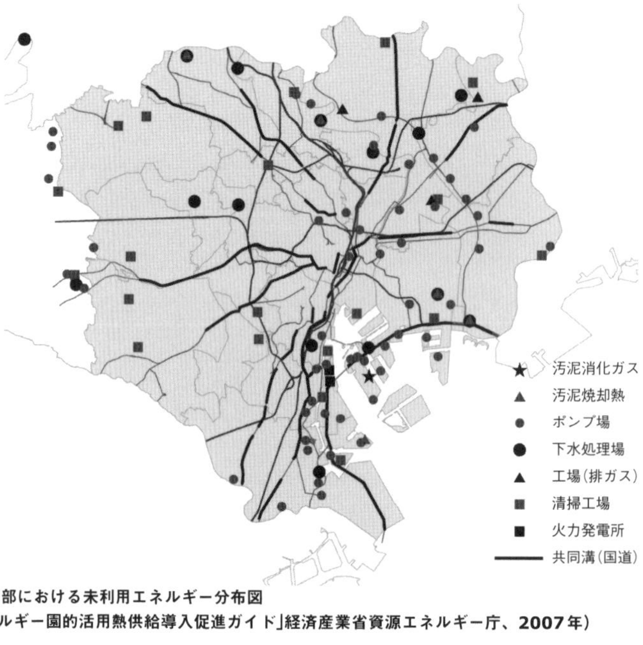

図6-24　東京都区部における未利用エネルギー分布図
（出典:「未利用エネルギー園的活用熱供給導入促進ガイド」経済産業省資源エネルギー庁、2007年）

(2)再生可能エネルギー

現在人類が使っているエネルギーの大半は、太陽エネルギーや地球物理的エネルギーを起源にもっているといえる。原油や天然ガスなどの化石燃料も、太古の動植物の死骸が長い時間をかけて地圧や地熱を受けて変成したものであり、その動植物が生きるために用いたエネルギー源は太陽エネルギーである。

再生可能エネルギーも太陽エネルギーや地球物理的エネルギーを起源とするが、利用する以上の速さで補充可能なエネルギーを指す。その具体的なものとして、太陽エネルギーを直接利用する太陽光や太陽熱、間接利用する水力、風力、波力、温度差、バイオマス、地球物理的エネルギーを利用する地熱などがある。

太陽光、太陽熱エネルギー

太陽光発電や太陽熱利用は、太陽エネルギーを直接利用する方法である。地球上に降り注ぐ太陽エネルギーは、平均で 150W/m^2 と小さいが、地球全体で考えると現在人類が使用している全エネルギーの約 15,000 倍に相当する。

図 6-25 に建物での太陽光、太陽熱利用方法を示す。太陽熱利用は、給湯用としての利用が多く、屋根や屋上に設置した太陽熱収集器で太陽熱を水などに伝熱し、温めて貯めた水を直接・間接的に利用する。ただし、季節や時間帯で温めた水の温度が不安定なため、補助熱源（温水ボイラや給湯器など）を必要とする。暖房として利用する場合は、パッシブシステムでは、窓近辺に設置した蓄熱壁や室内床に太陽光を直接当てて暖める方法や、屋根裏を通した暖かい空気を直接暖房に利用するシステムなどがある。また、アクティブシステムとして、給湯利用と同様なシステムを構築して利用する方法がある。また、吸収冷凍機や吸着冷凍機を介して冷房利用することも可能である。

太陽光発電は、屋根や屋上に設置した太陽光パネルによりつくられた電力を使用するシステムである。太陽光発電でつくられた電気は直流のため、建物内で使用するには、交流に変換させる必要がある。そのため、パワーユニットなどの変換装置も必要とする。

太陽光パネルの発電効率は、現在のところ 15％程度であり、昼間に 1kW の発電をするには、おおよそ 10m^2 程度のパネル面積を必要とする。設置費用は、普及につれて安くなってきている。国の政策として、再生可能エネルギーの中で太陽光発電は有力なシステムとして位置づけられ、普及促進に対して各種補助金や、発電した電力を電力会社が全量買取る制度など、コスト面の優遇措置が講じられている。

風力エネルギー

風は、地域の気圧や温度差に起因して発生する。地球上の気圧や温度が地域によって変化するのは、おもに太陽の影響である。よって、風力利用も間接的な太陽エネルギー利用といえる。

風力利用としては、オランダの風車のように、直接動力として利用する方法もあるが、一般には、発電動力を主として利用している。風力を利用するには、風力を受け止め力に変換するための風車を必要とする。風力エネルギーは、風速の 3 乗に比例し、また風車の

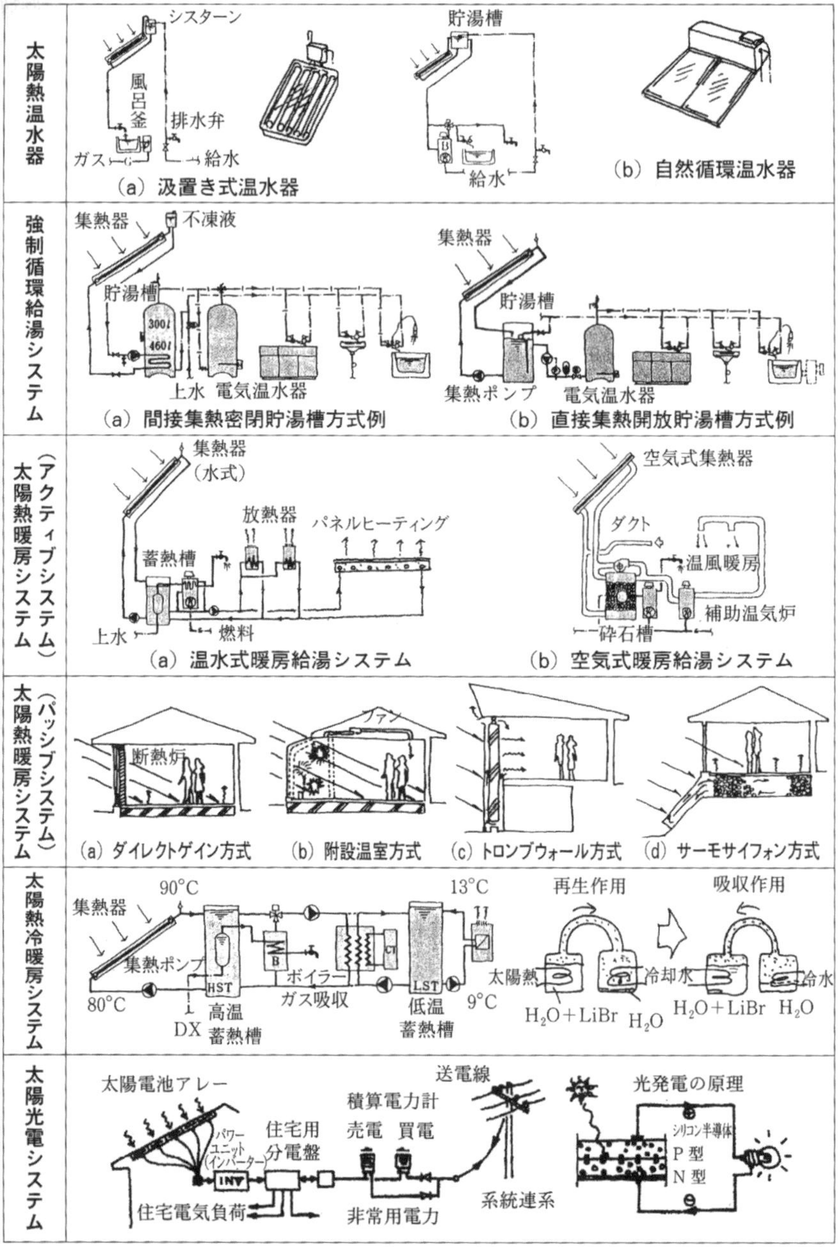

図6-25　建物における太陽光、太陽熱利用の仕組み
（出典：田中俊六監修ほか『最新建築設備工学』井上書院、2010年）

面積に比例する。また、安全上により風速が速すぎると風車を強制的に止めるのが一般的である。よって、より大きな風力エネルギーを得るためには、風速が恒常的にある程度速い地域に、風車の大きな装置を設置することである。

風力発電にはいくつか方式があるが、プロペラ型は、1台で数百kW～数千kWの発電能力をもっており、大きいものでプロペラの直径が80m程度のものもある。現在、安定的な風が得られる洋上風力発電が注目されている。洋上風力発電には、50m程度の浅深度までなら設置可能な固定（着床）式（図6-26）と、海に浮かべる浮体式がある。

図6-26　デンマーク・ミドルグルンデド洋上風力発電所。1999年に建設。定格出力2MWのものが20基、固定式で設置されている。タワー高さ60m、風車ロータ直径80m（写真提供：長井浩）

風力発電は風速に依存しているので、発電は季節や時間により不安定であるといえる。上手に利用するためには、蓄電やスマートグリット技術などと併用していく必要がある。

バイオマスエネルギー

バイオマスとは、植物などの生物体から得られる有機物をエネルギー源とする資源を指し、広義の意味では、化石燃料も生物体起源といえるので、それに含まれる。一般には、あくまで再生可能な生物由来の有機性資源を指す。生物由来ということで、バイオマスも間接的な太陽エネルギー利用といえる。また、バイオマスは、燃焼などによりエネルギーを取り出すとCO_2を排出する。ただ、これは生物が成長過程において光合成などにより大気から吸収したCO_2に由来するため、実質的なCO_2排出は吸収と排出の差し引きゼロとなる。この考え方をカーボンニュートラルといい、バイオマスを利用した場合のCO_2排出は0とする。

バイオマスの資源としては、紙、家畜糞尿、食品廃材、下水汚泥、生ごみなどの廃棄物系と、稲わら、もみ殻、間伐材などの未利用系がある。利用形態として、ガス化発電やボイラーによる熱利用、バイオエタノールなどの燃料利用もある。

6-5
都市・地域エネルギーシステムの計画と運用

(1)需給のマッチング

都市・地域のエネルギー需要（負荷）とエネルギー消費量を減らす取り組みを行った上で、周辺地域の利用可能な未利用エネルギーや再生可能エネルギーといった環境負荷の小さいエネルギー源を活用しようとする場合、重要となるのが、エネルギー源とその供給先地域のエネルギー需要とのマッチングである。特に、電力よりも搬送時のロスが発生しやすい熱エネルギーについては、その熱源と熱需要の位置関係（空間）、需給の時刻変動（時間）、そして蒸気や温水の需給温度（温度レベル）のマッチングが重要である。

位置関係(空間)のマッチング

電力は遠方まで比較的ロスが少なく搬送できるが、蒸気や温水といった熱は、搬送距離に応じて熱ロスや搬送動力が増加するため、熱源からできるだけ近い地域で使用するのが望ましい。わが国での導入試算の際には、需要地からの距離が、一般的に高温未利用エネルギーで半径 2km 以内、低温未利用エネルギーで半径 500m 以内を導入条件とするケースが多いが、規模や立地条件によっても変わるため、導管敷設時のコストや運用時のコストも考慮しながら決定することになる。熱源水の長距離輸送の例としては、北海道札幌市真駒内地区の地域冷暖房において、プラントから約 4km 離れた札幌市駒岡清掃工場から排熱の温水を輸送して利用している。供給先としては、集合住宅や学校、庁舎、オフィスビルなどである。余剰排熱に対して安定した熱の消費先が確保できれば、多少距離が離れていてもシステムとして成り立つ事例の 1 つといえる。

需要と供給の変動(時間)のマッチング

熱需要と熱供給が量的にマッチングしていたとしても、その時間変動、季節変動がある程度マッチングしていないと、余ったり足りなくなったりする時間帯でロスを生じる。

需要側としては、オフィス用途が中心の場合は、日中の熱需要は多いが夜間の熱需要は少ない。一方、ホテルや病院は夜間にも一定量の熱需要がある用途であり、住宅も夕方から夜にかけての熱需要が最も大きい。季節でみると、オフィス用途、特に都心部の高層オフィスでは夏期の冷房需要は大きいが冬期の暖房需要は小さく、逆に住宅では冬期の暖房需要が圧倒的に大きい。

それに対して供給側は、清掃工場排熱や河川・海水の熱エネルギーの場合、時間変動では 24 時間供給能力はほぼ一定であり、特定の時間帯だけ極端に供給能力を上げることは難しい。太陽光や太陽熱は、当然のことながら供給は日中に限定され、天気や季節による影響も受ける。

このように、需要側、供給側の時間変動は多様なため、需要側エリアの建物に合わせて周辺の供給側の熱源を選定したり、逆に供給側の能力に合わせて供給先エリアを選定したりと、両者のバランスを考慮したマッチングが不可欠となる。熱の需給の時間帯がずれる部分については、蓄熱槽をバッファとして用いることも多く、温熱であれば温水蓄熱槽、冷熱であれば氷蓄熱槽などが用いられる。しかし、スペースや熱ロスの問題もあり、需給の時間変動のマッチングは重要である。なお、蓄電は現在の技術では蓄熱以上に効率が悪くコストもかかるため、マッチングの重要性はより大きい。

再開発などでの高密度地区の計画時には、オフィスに加えてホテルや病院、集合住宅などできるだけ多様な用途構成にして需要の平準化を図ることで、設備機器の運転効率が向上するだけでなく、供給側とのマッチングも取りやすくなる。図6-25は、オフィスと集合住宅の冬期の温熱需要の時間変動を合わせ、需要が平準化される例を示している。両施設をこの合わせたエリアに対して地域熱供給が行われれば、設備機器の運転効率は上がり、供給能力が一定の未利用エネルギーも有効に利用できることになる。

多様な用途構成でマッチングが図られている地域冷暖房の事例としては、オフィスや高層集合住宅に対して河川水（隅田川）の熱を活用している東京都中央区・箱崎地区（写真6-1）や、オフィスやレジャー施設、ホテルに対して下水熱を活用している東京都文京区・後楽一丁目地区（写真6-2）などがある。

温度レベルのマッチング

熱媒には、冷房用として4～7℃の冷水、暖房用として0.6～1.0MPaの蒸気や120～180℃の高温水、80℃前後の温水、給湯用として47℃前後の温水など、さまざまな温度レベルのものが用いられている。この温度レベルはおもに熱源の種類によって異なる。ごみ焼却排熱など高温の熱源を利用する場合は、熱媒が蒸気や高温水となり、河川水や海水などの低温の熱源をヒートポンプ利用する場合は、47℃前後の温水となる。一方、需要側で必要な温度レベルもその熱の消費先によって異なってくる。例えば、冷房用途として蒸気吸収式冷凍機を動かすには高温蒸気が必要であるが、暖房用途では60～70℃の温

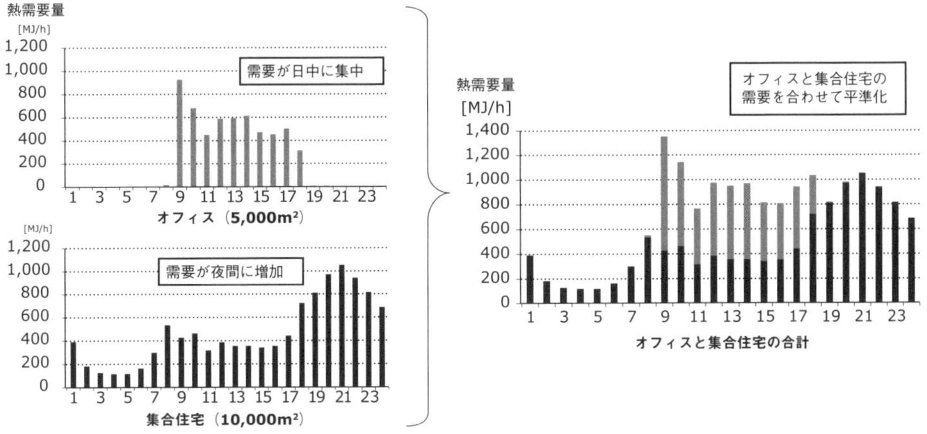

図6-25　異なる建物用途の組み合わせによる需要の平準化イメージ（冬期（1月）の時刻別熱需要量）

写真6-1　マッチングがはかられている箱崎地区（河川水を利用した地域冷暖房）
（写真6-1、6-2ともに出典：日本熱供給事業協会資料）

写真6-2　同、後楽一丁目地区（下水熱を利用）

水、給湯用途のみであれば50℃前後の温水があれば十分である。そこで、供給側と需要側の温度レベルのマッチングを図りながら、効率の良いシステム構築が重要となる。

図6-26は、全国の地域冷暖房地区を熱媒種類で分類した場合の内訳割合である。蒸気と冷水を供給する方式が41％と最も多くなっている。温水や蒸気など温熱のみの供給地区は、年間を通して温熱需要の大きい北海道・東北エリアに集中している。

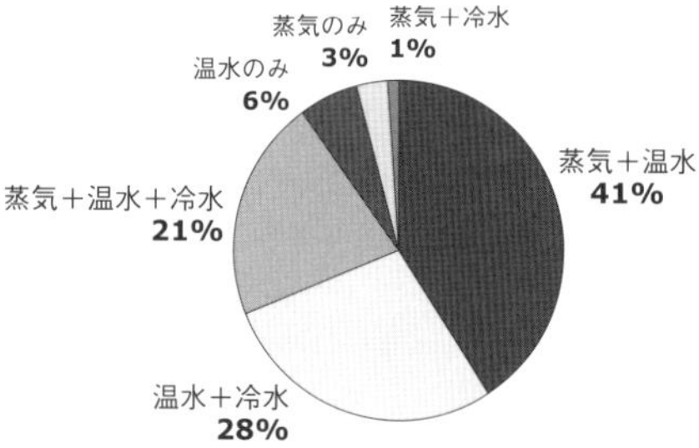

図6-26　地域冷暖房の熱媒の内訳（地区数割合）
（出典：日本熱供給事業協会『熱供給事業便覧』2012年版をもとに作成）

(2)計画と運用のための ソフト面の取り組み

今後、都市・地域エネルギーシステムを整備、運用し、長期的にさらによいシステムとなるように更新、発展させていくためには、ソフト面の取り組みが重要である。

都市計画的な面の取り組み

都市・地域エネルギーシステムは、単体の建物オーナーを超えて、多くの主体が関わる地域で、時間をかけて将来あるべき姿へとつくりあげていく必要がある。現時点での費用負担と最終的にシステムの有効性が発揮される時点の時間的なギャップがあること、地域での二酸化炭素削減、ヒートアイランド軽減など都市環境の向上に寄与することが必ずしも費用負担をする主体のメリットと直結するものではなく、公共的な意義を含むものであることから、その公共性を明確に位置づけて、政策的に規制や誘導を行う必要がある。今後、次のような点の検討が考えられる。

［マスタープランづくり］

都市計画のマスタープランに相当するもので、将来像を策定して共有し、地域づくりを進めていく必要がある。特に地域エネルギーシステムを構築するべき地域を明確にする必要がある。

［ルールと仕組みづくり］

ガイドラインのような形で、対象となるエリアの需要家や建物オーナーなどが守るべき共通のルールづくりが必要である。例えば、都市・地域エネルギーシステムの基盤である地域冷暖房が地域全体でうまく使われていくためには敷設した地域配管で熱の供給を受けることができるように、建物の空調方式を中央熱源方式にする必要があり、建物の更新に合わせて中央熱源方式の建物がストックされていく仕組みをつくる必要がある。

［整備主体づくり］

熱供給配管などの基盤となる施設を、どのような主体が整備するのか、また、道路占用許可を得る手続きなどをよりスムーズに行うことができるように、施設の公共的な位置づけを明確にし、関係者の理解を得ておくことが必要である。また、都市・地域エネルギーに関わるプラントの設備を公園などの公共スペースを利用して設置できるようにすることも今後、重要であり、そのための考え方の整理が必要である。

システムの運営、マネジメント主体の必要性

都市・地域エネルギーシステムはこれまでの電気、ガス供給事業とは異なり、需要家に近いところで供給者と需要家とが連携して計画、運営、マネジメントすることが必要である。エネルギー事業者のみならず、まちづくりコンサルタント、建物オーナー、不動産管理会社、ファイナンスの専門家など、さまざまな主体が関わり、時間をかけての構築、その後の更新、省エネルギー性や省CO_2、コストなどの面から全体が望ましい方向に発展していくマネジメントを行っていく体制をつくることが必要である。

地域における良好な環境や地域の価値を維持・向上させるための住民・事業主・地権者などによる主体的な取り組みを「エリアマネ

ジメント」（国土交通省 土地総合情報ライブラリーウェブサイトより）というが、近年、自治体の行政区とは関係なく、マネジメントが必要な地域、「エリア」単位でエリアの課題に取り組むエリアマネジメント組織が多くのところで立ち上がっている。低炭素で安全な地域づくり、この環境と防災に関わる重要なテーマについて、地域の特性を生かしてエリア単位で取り組んでいき、地域の活性化にもつなげていくことが必要であり、このようなエリアマネジメントの新しい主体が今後、地域エネルギーの計画、運営、マネジメントに関わってくることが望まれる。

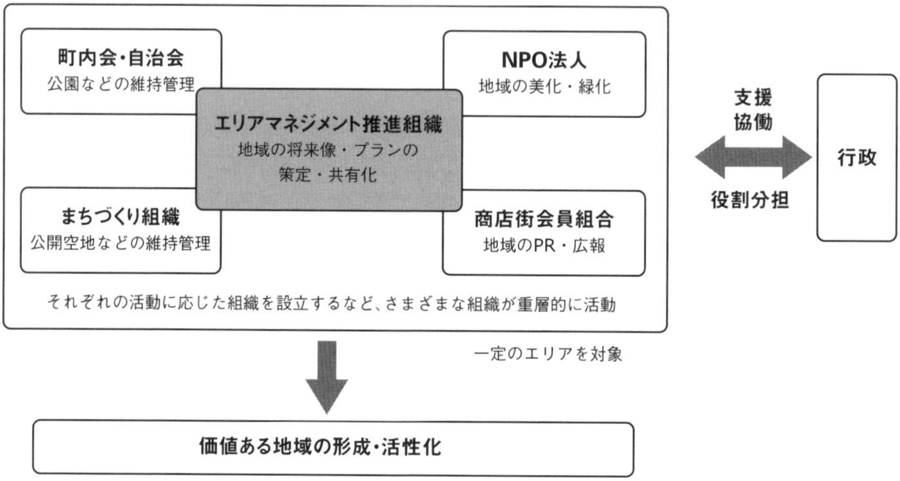

図6-27　エリアマネジメントのイメージ
（出典：国土交通省 土地総合情報ライブラリーウェブサイトをもとに作成）

(3) スマートシティ・エネルギーシステム

スマートシティ

「スマートシティ」は近年よく耳にする用語であるが、その明確な定義はない。そこには環境共生都市や環境モデル都市などの延長線上にあり、環境に配慮するとともに低環境負荷かつ低炭素な社会を実現する都市（あるいは都市づくり）という意味が含まれている。ではそれらと何が異なるのか。

スマートシティの特徴は、都市機能を支えるエネルギー供給、水供給処理、廃棄物処理、交通、情報などあらゆる社会インフラ分野に関わる最新技術やシステムを総合的に計画・整備するとともに、それらに関わる多様な情報を統括管理し、全体最適な運用を図るというものである。この「情報を統括管理し、都市機能の全体最適運用を図る」という点に、“賢い《スマート》”というイメージが付加されているのであろう。

1つの説明として、NEDO（新エネルギー・産業開発機構）の報告書に記載されている内容が端的で理解しやすいので紹介する。まず、今後取り組むべき社会の構築方針として「サステイナブルであり、かつエネルギーの3E*の向上を可能とする社会システムの実現」を掲げ、それを実現する「低環境負荷であり、自然資源・エネルギー・廃棄物の流れを高度にマネジメントして無駄を少なくした社会」がスマートな社会である、としている。そして、このような社会を構築するには「電気・ガスなどのエネルギー、水、交通、物流などの社会の“流れ”を、情報通信技術等を用いて効率化する社会システム」の構築が必要であると説明している。

(*3E：エネルギーの安定供給性(Energy Security)、経済性(Economic Growth)、環境適合性(Environmental Protection))

スマート・コミュニティ

また、スマートシティに似た用語に、「スマートコミュニティ」がある。2010年6月18日に発表された「エネルギー基本計画」（経済産業省）によると、「スマートコミュニティとは、電気の有効利用に加え、熱や未利用エネルギーも含めたエネルギーを地域単位で統合的に管理し、交通システム、市民のライフスタイルの転換などが複合的に組み合わさる地域社会のこと」と定義されている。

経済産業省によるスマートコミュニティのイメージを図6-27に示す。キーワードとして、住宅・建物分野では「スマートビル」「スマートハウス」、エネルギー分野では「系統電力（原子力発電所、火力発電所）」「再生可能エネルギー（メガソーラー、風車、小水力発電）」「電力貯蔵装置」、交通分野では「電気自動車」「急速充電ステーション」「ITS（高速道路交通システム）」が記載されている。そして、それら地域の情報・エネルギー・交通を最適に管理するコントロールセンターが配されているのがわかる。

現在、わが国のみならず世界各国でさまざまな取り組みや社会実験が行われている。国内の実証事業としては、経済産業省による「次世代エネルギー・社会システム実証事業」がある。全国19地域からの応募があり、2010年4月に、横浜市・豊田市・京都府（けいはんな学研都市）・北九州市が実証地域に選定された。それら4つの実証地域の概要を図6-28に示す。実証要素技術として、

図6-27　スマートコミュニティのイメージ
(出典：経済産業省「スマートコミュニティフォーラムにおける論点と提案」2010年)

「HEMS」「BEMS」「スマートメーター」「デマンドサイドを統合した地域エネルギーマネジメント」「電気と熱とを総合利用する地域エネルギーマネジメント」「次世代電気自動車」などがある。

スマート・エネルギーシステム

スマートシティあるいはスマートコミュニティにおいて中核をなすのはエネルギーシステムであり、「エネルギーの効率利用と再生可能エネルギーの有効活用」をめざすものである。経済産業省のスマートコミュニティにおけるエネルギーシステムのイメージを図6-29に示す。

既存システムとの違いからスマート・エネルギーシステムの概要を述べる。

①既存システム——大規模集中と個の依存

現在、ほとんどの都市や街では、都市インフラである系統電力や都市ガスからエネルギー供給を受け、住宅や建物個々において電気あるいは熱へ変換させて利用している。これは、都市あるいは都市広域圏レベルの大規模集中型システムであり、住宅・建物はそれに依存する形態である。一部の地域では地域熱供給システムが利用されている。

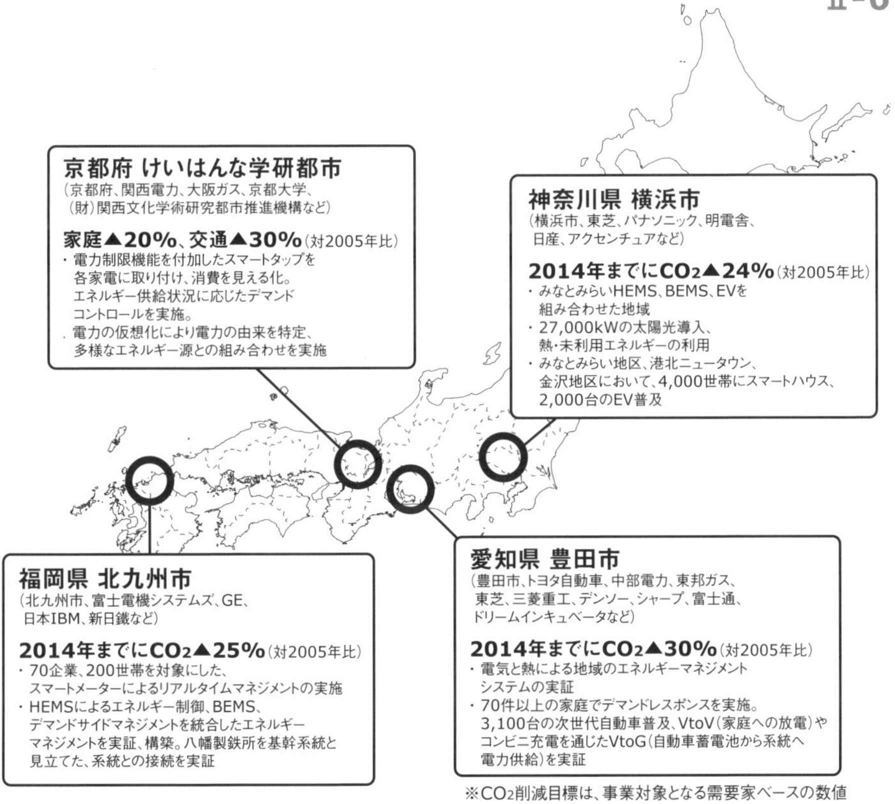
京都府 けいはんな学研都市
（京都府、関西電力、大阪ガス、京都大学、
（財）関西文化学術研究都市推進機構など）
家庭▲20%、交通▲30%（対2005年比）
・電力制限機能を付加したスマートタップを
各家電に取り付け、消費を見える化。
エネルギー供給状況に応じたデマンド
コントロールを実施。
・電力の仮想化により電力の由来を特定、
多様なエネルギー源との組み合わせを実施
神奈川県 横浜市
（横浜市、東芝、パナソニック、明電舎、
日産、アクセンチュアなど）
2014年までにCO_2▲24%（対2005年比）
・みなとみらいHEMS、BEMS、EVを
組み合わせた地域
・27,000kWの太陽光導入、
熱・未利用エネルギーの利用
・みなとみらい地区、港北ニュータウン、
金沢地区において、4,000世帯にスマートハウス、
2,000台のEV普及
福岡県 北九州市
（北九州市、富士電機システムズ、GE、
日本IBM、新日鐵など）
2014年までにCO_2▲25%（対2005年比）
・70企業、200世帯を対象にした、
スマートメーターによるリアルタイムマネジメントの実施
・HEMSによるエネルギー制御、BEMS、
デマンドサイドマネジメントを統合したエネルギー
マネジメントを実証、構築。八幡製鉄所を基幹系統と
見立てた、系統との接続を実証
愛知県 豊田市
（豊田市、トヨタ自動車、中部電力、東邦ガス、
東芝、三菱重工、デンソー、シャープ、富士通、
ドリームインキュベータなど）
2014年までにCO_2▲30%（対2005年比）
・電気と熱による地域のエネルギーマネジメント
システムの実証
・70件以上の家庭でデマンドレスポンスを実施。
3,100台の次世代自動車普及、VtoV（家庭への放電）や
コンビニ充電を通じたVtoG（自動車蓄電池から系統へ
電力供給）を実証
※CO_2削減目標は、事業対象となる需要家ベースの数値

図6-28　「次世代エネルギー・社会システム実証事業地域」の概要
（出典：経済産業省資料をもとに作成、2010年）

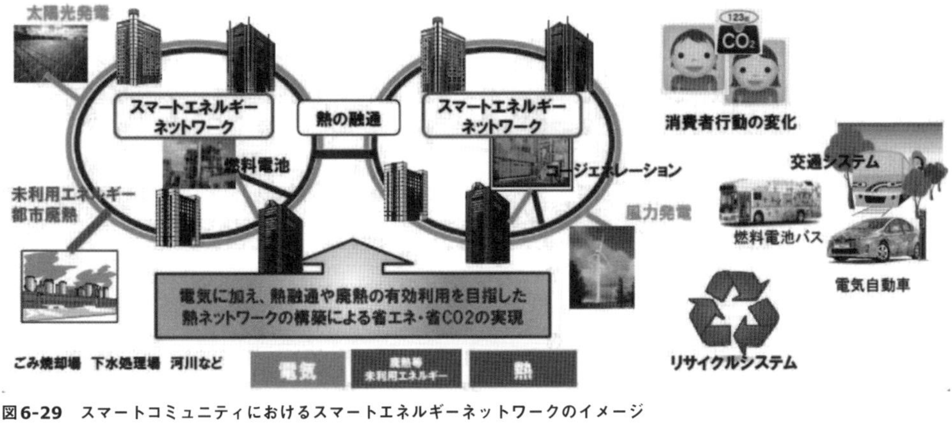
太陽光発電
スマートエネルギー
ネットワーク
熱の融通
スマートエネルギー
ネットワーク
燃料電池
コージェネレーション
未利用エネルギー
都市廃熱
風力発電
電気に加え、熱融通や廃熱の有効利用を目指した
熱ネットワークの構築による省エネ・省CO2の実現
ごみ焼却場　下水処理場　河川など
電気
廃熱等
未利用エネルギー
熱
CO2
消費者行動の変化
交通システム
燃料電池バス
電気自動車
リサイクルシステム

図6-29　スマートコミュニティにおけるスマートエネルギーネットワークのイメージ
（出典：経済産業省「次世代エネルギー・社会システム協議会」2010年）

②スマートシステム

——大規模集中と地域と個との調和

これに対して、スマート・エネルギーシステムには、“地域”に着目する点に特徴がある。以下にその特徴を記す。

［地域内地産エネルギー活用］

1つは、地域で得られる分散電力、すなわち再生可能エネルギー（太陽光発電、風力発電、バイオマス発電、小水力発電など）、廃棄物発電、コージェネレーションなどである。2つ目は、地域で得られる熱であり、それは清掃工場、下水・汚泥処理場、河川、海などからつくられる未利用エネルギーである。

［地域内分散電力のネットワーク活用］

1つは、分散電力がオンサイトのみではなく地域内でネットワーク活用されることであり、2つ目は、それが大規模集中システムである系統電力とのネットワーク化されることである。ネットワーク化の際に起こりうる出力の不安定さは電力貯蔵装置で調整する。

［地域内熱のネットワーク活用］

1つは、未利用エネルギーを地域熱供給システムで活用し、需要家の省エネルギー化を図ること、2つ目は、未利用エネルギーを建物個々で活用できるネットワークであり、熱源水ネットワークなどがある。3つ目は、建物間熱融通システムであり、近接する建物間でお互いの熱源装置を活用し、熱を相互に融通する。

［地域内のエネルギーマネジメント］

1つは、分散する電力や熱を効率よくネットワーク活用するにはそれらの情報を統括管理・運用することが必要である。2つ目は、効率よくエネルギー利用するには、供給サイドのシステムの高効率化のみならず、それらシステムが高効率稼働できるように需要サイドの電力・熱負荷をコントロールすることも重要である。

③スマート・エネルギーシステム

以上より、スマート・エネルギーシステムとは、「地域内で得られる電力や熱をオンサイト利用のみならずネットワーク利用できること、それが大規模集中システムと安定的にネットワークできること、さらに住宅・建物等の需要サイドを含めた需給総合マネジメントができること、などの要件を満たし、既存システムよりもエネルギー効率を高めることができるエネルギーシステム」と定義できる（図6-30）。

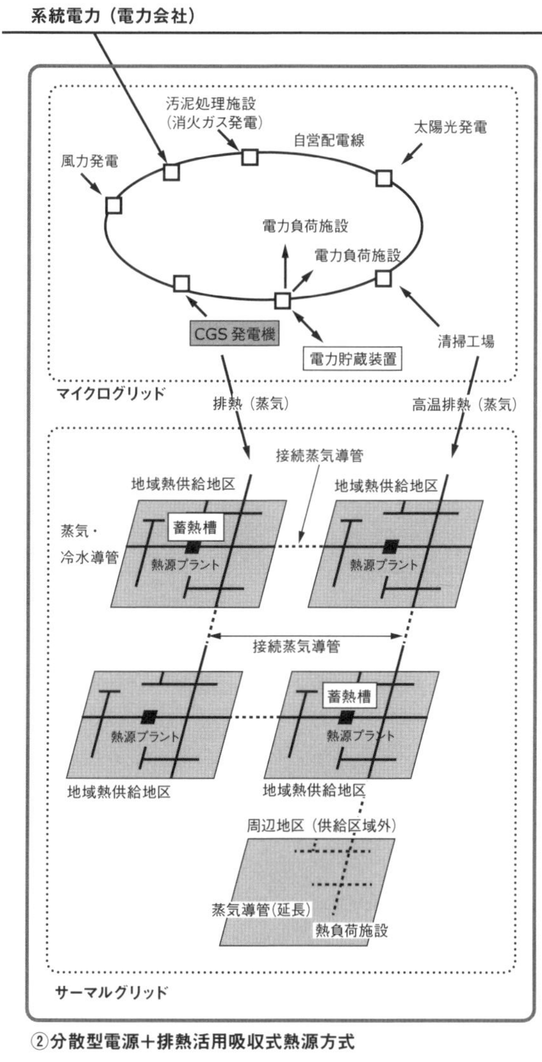

②分散型電源＋排熱活用吸収式熱源方式

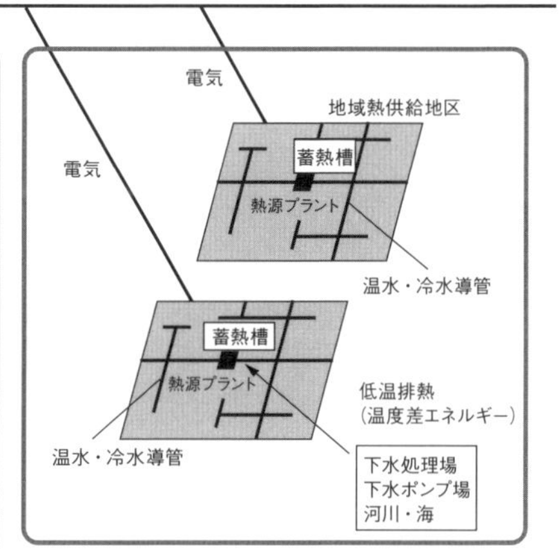

①集中型電源＋電気式熱源方式

〈マイクログリッド〉

特定地域内での電力の供給を行うための小規模な配電網。太陽光発電、風力発電、廃棄物発電、発電機（燃料電池含む）などの複数の「分散型電源装置」や「電力貯蔵装置」などを「自営配電線」などによりネットワーク化し、IT などの「監視・制御技術」により形成・運用される電力供給系統の１つの集合体である

〈サーマルグリッド〉

特定地域内の地域熱源ネットワークでマイクログリッドと似た構成と機能をもつ（下記比較参照）。複数の地域熱供給地区の「熱源プラント」、清掃工場、工場などの「高温排熱源」や「蓄熱槽」などを「蒸気導管」などによりネットワーク化し、IT などの「監視・制御技術」により形成・運用される熱供給系統の１つの集合体である

マイクログリッド	サーマルグリッド
『各種分散電源（太陽光発電、風力発電など）』	→『高温排熱源』
『各種分散電源（発電機など）』	→『DHC 熱源プラント』
『自営配電線など（媒体）』	→『蒸気導管ネットワーク』
『IT などによる監視・運転技術』	→『IT などによる監視・運転技術』

図6-30　スマート・エネルギーシステムのイメージ

第 III 部

都市・地域
エネルギーシステムの実践

［実践編］

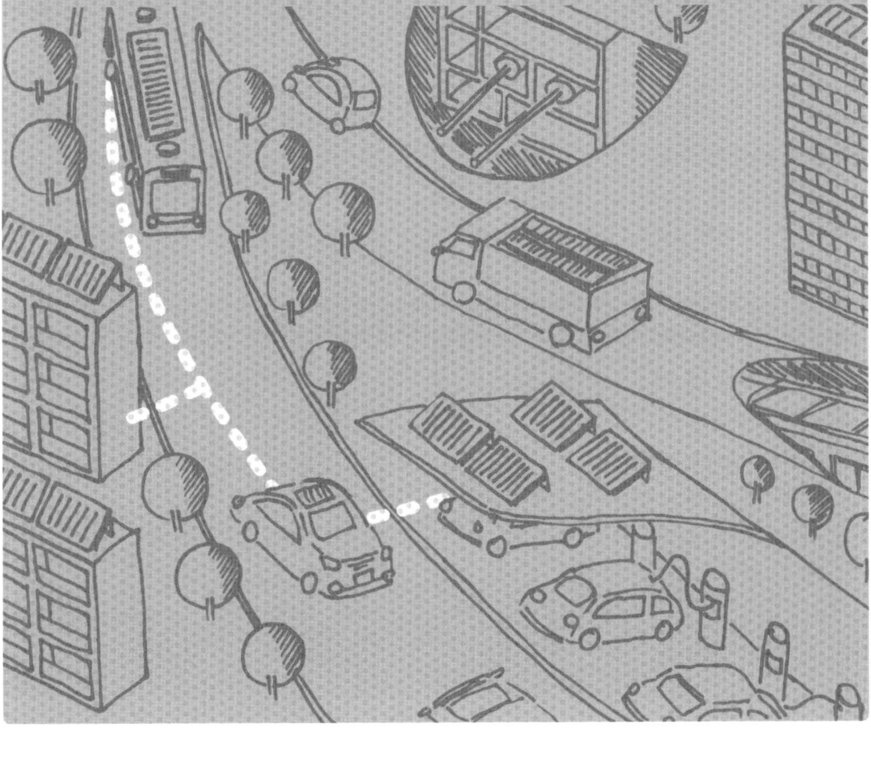

7
計画・管理運営に関わる制度

7-1
自治体の制度

大都市で進む制度策定

都市・地域エネルギーの計画に関わる代表的な制度が地域冷暖房の指導要綱や指針である。これらの特徴は、推進地域の指定、推進地域内の一定規模以上の開発事業者などへ対する導入検討などである。このような指導要綱や指針は、東京都、大阪府、神奈川県横浜市、愛知県名古屋市、静岡県浜松市の各自治体で策定されているが、東京都をはじめ大都市に限られている。

先駆的な東京都の制度

東京都では、1977年に「地域暖冷房計画推進に関する指導標準」、1991年に「地域冷暖房推進に関する指導要綱」を施行するなど、ほかの自治体に先駆けて地域冷暖房を推進してきた。2009年には「都民の健康と安全を確保する環境に関する条例（環境確保条例）」を改正する中で、「建築物環境計画書制度（2002年施行）」の2回目の改正とともに、「地域におけるエネルギー有効利用計画制度」を創設し、2010年に施行する。

これは大規模開発を行う事業者に対し、開発計画を作成する早い段階でエネルギーの有効利用（未利用エネルギー、再生可能エネルギー、地域冷暖房の導入検討など）に関する計画の作成・提出を義務づける新たな制度である。環境負荷の少ない低炭素型の都市づくりを推進することを目的としている。

この制度の対象は、新築もしくは増築（新築等）を行う事業で、新築もしくは増築をするすべての建築物の延床面積の合計が50,000m^{2}超の大規模開発を行う特定開発事業者である。そこでは建築確認申請の180日前までに、「エネルギー有効利用計画書」の提出を義務づけ、また清掃工場の排熱やビルの空調排熱などの未利用エネルギーの有効利用に関する検討を義務づけている（図7-1）。

地域冷暖房に関しては、区域指定の指定基準（エネルギー効率0.9以上など）が創設された。そして、毎年度、「地域エネルギー供給実績報告書」の作成・提出義務があり、都はその報告内容に対し、熱のエネルギー効率を格付評価（AA、A＋、A、A－、B、C）し、公表する。また、地域冷暖房区域内の延床面積10,000m^{2}超（住宅以外）、または20,000m^{2}超（住宅）の建築物で新築等がされる場合、冷熱または温熱の供給能力の過半の規模を更新する場合は、熱供給の受け入れについて検討するとともに、地域エネルギー供給事業者と熱供給の受け入れについて協議しなければならない。導入を検討するエネルギー種類を示したものを表7-1に示す。

ほかの自治体における整備状況

横浜市の制度では、地域冷暖房の導入検討対象者は、延床面積 20,000m^2 以上の建築物、推進指定区域を 1ha 以上含む開発である。また需要家に対する接続要請では、延床面積 3,000m^2 以上の建築物に対して市長から加入協力が要請される。

大阪府では、地域冷暖房の導入検討対象者は、延床面積 30,000m^2 以上の建築物、容積率 400％以上の地域を 1ha 以上含む開発である。同様に需要家に対する接続要請では、延床面積 30,000m^2 以上の建築物に加入努力義務がある。

また名古屋市では、地域冷暖房の導入検討対象者は、延床面積 30,000m^2 以上の建築物、同じく需要家に対する接続要請では、延床面積 3,000m^2 以上（住宅の場合は 6,000m^2 以上）の建築物に加入努力義務がある。

以上の代表的な制度例である東京都、横浜市、大阪府、名古屋市における指導要綱・指針の概要を表 7-2 に示す。

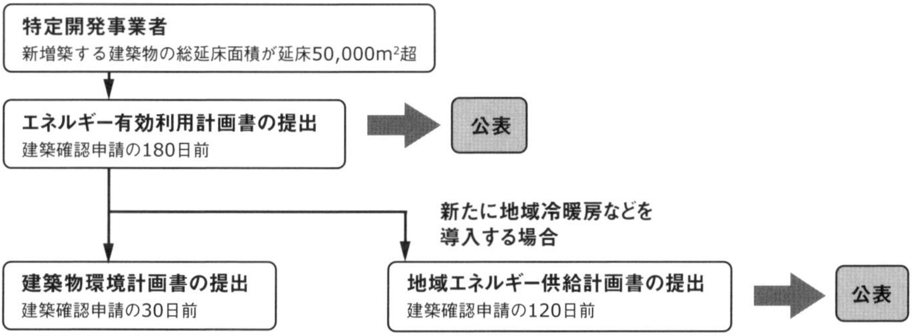

図 7-1　東京都「地域におけるエネルギー有効利用計画制度」のフロー

表 7-1　東京都「エネルギー有効利用計画書」における導入検討するエネルギー種類について

範囲	エネルギーの種類
特定開発区域など	①清掃工場から排出される熱 ②下水汚泥の焼却炉から排出される熱 ③下水処理水の熱（温度差） ④河川水の熱（温度差） ⑤海水の熱（温度差） ⑥建築物の空調設備から排出される熱 ⑦地下鉄から排出される熱 ⑧太陽エネルギー
特定開発区域に隣接し、または道路を挟んで近接する街区 （道路、河川、鉄道などで囲まれた地域的なまとまりのある区域）	上記の①から⑥までの熱
特定開発区域などの境界から 1 km の範囲	上記の①から⑤までの熱

表7-2　自治体の地域冷暖房に関わる制度など
（出典：三菱総合研究所「自治体における熱エネルギーの有効活用の取り組み」2011年）

<table>
<tr><th colspan="2"></th><th>東京都</th><th>横浜市</th></tr>
<tr><td colspan="2">制度、
指針など</td><td>地域におけるエネルギーの有効利用に関する計画制度（2009 年策定、2010 年施行）</td><td>横浜市地域冷暖房推進指針
（1996 年策定、同年施行）</td></tr>
<tr><td colspan="2">所管部署</td><td>東京都環境局都市地球環境部</td><td>横浜市環境創造局（旧環境保全局）</td></tr>
<tr><td colspan="2">目的</td><td>大規模開発におけるエネルギーの有効利用の推進、地域冷暖房事業の評価とエネルギー効率向上</td><td>地球温暖化・大気汚染の防止、安全な都市の実現（エネルギーの合理的・効率的利用の推進により）</td></tr>
<tr><td colspan="2">都市計画決定</td><td>特に規定なし</td><td>特に規定なし</td></tr>
<tr><td colspan="2">対象規模</td><td>【地域冷暖房区域】
冷房、暖房・給湯の熱需要 21GJ/h 以上</td><td>特に規定せず</td></tr>
<tr><td colspan="2">地域指定</td><td>【特定開発区域の指定】
・延床 50,000m² 超の開発区域
【地域冷暖房区域の指定】
（特定開発事業者または地域エネルギー供給事業者からの申請に基づく指定）
・下記基準に適合する場合、関係者説明・有識者意見聴取の上で指定
→熱需要：21GJ/h 以上
→熱効率：熱供給媒体に蒸気を含まない場合 0.9 以上、蒸気を含む場合 0.85 以上
→排ガス中の窒素酸化物濃度：40ppm以下</td><td>【地域冷暖房推進地域の指定】
・第二種住居地域、準住居地域、近隣商業地域、商業地域、準工業地域
・再開発促進地区
【未利用エネルギー活用促進区域の指定】
・推進地域内で、おもな未利用エネルギー源（ごみ焼却場、下水処理場、海水）から 1km 圏内</td></tr>
<tr><td rowspan="3">地域冷暖房導入検討</td><td>対象者</td><td>【特定開発区域】
・延床 50,000m² 超の開発事業者</td><td>・推進地域内で延床面積 20,000m² 以上の建築予定者
・推進地域を 1ha 以上含む区域の開発者</td></tr>
<tr><td>手続き</td><td>【特定開発区域】
・エネルギー有効利用計画書の提出
・地域冷暖房導入の場合、地域エネルギー供給計画書の提出</td><td>・地域冷暖房整備について市長と協議
・地域冷暖房整備計画が適切と認められた場合、説明会の開催、事業計画の届出</td></tr>
<tr><td>未利用
エネルギー
活用</td><td>【特定開発区域】
・未利用エネルギーの導入検討</td><td>・未利用エネルギー促進区域内では未利用エネルギーの活用に努力</td></tr>
<tr><td colspan="2">需要家への
接続要求</td><td>【地域冷暖房区域】
・延床 20,000m² 以上の住宅、10,000m² 以上の非住宅の建物は受入検討義務</td><td>・延床 3,000m² 以上の建物は受入検討義務（市長から受入要請）
・市が保有する設備は受入努力義務</td></tr>
</table>

大阪府	名古屋市
地域冷暖房システムの導入に関する指導要領（1990 年策定、同年施行）	名古屋市地域冷暖房施設の整備促進に関する指導要綱（1992 年策定、1993 年施行、2001 年・2005 年改正）
大阪府環境農林水産部	名古屋市住宅都市局
健康保護、生活環境保全（大気汚染の防止により）	市民生活の向上、都市の健全な発展（都市環境の保全、省エネルギーの推進、都市の防災化などに効果的との認識に基づき）
特に規定なし	必要に応じて計画決定
加熱能力 21GJ/h 以上	特に規定せず
【地域冷暖房システム促進地域の指定】 ・業務用建築物が集中する（もしくは集中の見込みのある）地域のうち、容積率 400% 以上の地域	【地域冷暖房促進地区の指定】 ・市街化区域のうち、第 1 種低層住居専用地域、第 2 種低層住居専用地域を除く区域
・促進地域内で延床 30,000m^2 以上の業務用建築物の建築予定者 ・容積率 400% 以上の地域を 1ha 以上含む開発事業者	・促進地区内で延床 30,000m^2 以上の建築予定者 ・促進地区内で延床 30,000m^2 未満の建築予定者で、市長が認めた場合または自主的に地域冷暖房整備を図る場合
・地域冷暖房導入について知事と協議 ・地域冷暖房導入となった場合、事業予定者の選任、実務計画の策定、プラント設置場所の提供	・地域冷暖房整備について市長と協議 ・地域冷暖房整備計画が適切と認められた場合、説明会などの開催、整備計画の届出
・未利用エネルギー活用、排熱利用に配慮 ・熱供給区域が隣接する場合、熱の相互融通に配慮	・未利用エネルギーの積極活用に努力
・延床 30,000m^2 以上の業務用建物は受入努力義務	・延床 3,000m^2 以上（住宅の場合 6,000 m^2 以上）の建設は受入努力義務 ・すでに冷暖房施設設置済みの場合は、設備更新時に建物は受入努力義務

7-2
エリアマネジメント
——大丸有地区の取り組み

75ページで述べたように、自治体の行政区とは関係なく、エリア単位で地域の良好な環境や地域の価値を維持・向上させるための「エリアマネジメント」組織が立ち上がっている。エリアマネジメントに近い取り組みはこれまでにもあったが、国内外の都市間競争が激しさを増している中で、地域価値を高め維持する活動が必要になっていることから、1990年代にエリアマネジメントが注目され、最初に意識的にエリアマネジメントに取り組んだのが、東京の大手町・丸の内・有楽町地区（大丸有地区）といわれている[*1]。

この地区のエリアマネジメントには、企業主体の組織「大手町・丸の内・有楽町地区再開発計画推進協議会（現在、（一社）大手町・丸の内・有楽町地区まちづくり協議会）」、行政を含めた組織「大手町・丸の内・有楽町地区 まちづくり懇談会（以下、懇談会と略）」、人々の交流を目的にした組織「大丸有エリアマネジメント協会」、環境面のセミナーやイベント、人材育成、技術開発・導入支援などのさまざまな活動をハード・ソフト両面から展開している「エコッツェリア協会」の4つの組織が関わっている。

2008年に懇談会によってまとめられた「まちづくりガイドライン2008」[*2]では、8つの目標の1つに「環境と共生するまち」が挙げられ、「建築物における高効率機器の利用や、地域冷暖房、コジェネレーションシステム、雨水・中水道ネットワークの整備や適切な排熱の有効利用システムの検討など、建築物の機能向上や面的なエネルギーマネジメントの最適化を図る」と記されている。

また、将来像として、都市基盤施設の「ライフライン」の項目に「情報・通信施設、エネルギー施設等については、次世代を視野においた充実・高度化を図り、合わせて防災性能を向上すべく、先進的なシステム構築を推進する」と、防災的な観点からのエネルギーへの取り組みが記載されている。

さらに環境共生に関わる将来像として、「本地区ならではの地域冷暖房システム等の高効率化といった面的エネルギーの最適化とあわせて、再生可能エネルギー（自然エネルギー、バイオマスエネルギーなど）や未利用エネルギー（人工排熱、下水熱など）の活用、負荷平準化のための蓄電・蓄熱、コジェネレーションやヒートポンプの活用、ごみや資源のリユース、リデュース、リサイクルを推進する3R活動などに、地区一体のエリアマネジメントを通じ積極的に取り組む」[*2]「地域冷暖房システムのより高効率な設備への更新、熱源の融通、供給エリアの拡大や更なるネットワーク化を推進し、また、コジェネレーションやヒートポンプ等の高効率な設備の導入を図る」[*2]と記されている。

このように大丸有地区では、これまで整備された地域冷暖房を基盤として、エリアマネジメント組織がこれからの地域エネルギーのマネジメントに積極的に関与して、さらに低炭素で供給信頼性の高いエネルギーシステムの構築をめざしている。そして、このような特定のエリアを対象としたエネルギーシステムの構築、運営を進める上で、エリアマネジメント組織が重要な役割を果たしている。

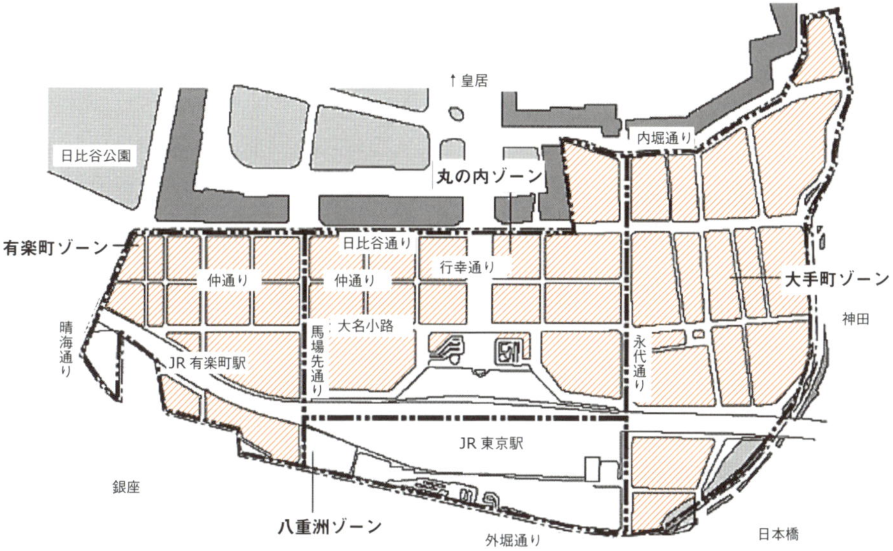
↑皇居
日比谷公園
内堀通り
丸の内ゾーン
有楽町ゾーン
日比谷通り
行幸通り
仲通り
仲通り
大手町ゾーン
神田
晴海通り
大名小路
馬場先通り
永代通り
JR 有楽町駅
JR 東京駅
銀座
八重洲ゾーン
外堀通り
日本橋

図7-2　大手町・丸の内・有楽町地区のエリアマネジメント対象エリアと地域冷暖房供給エリア（斜線部）
（出典：NPO大丸有エリアマネジメント協会資料をもとに作成）

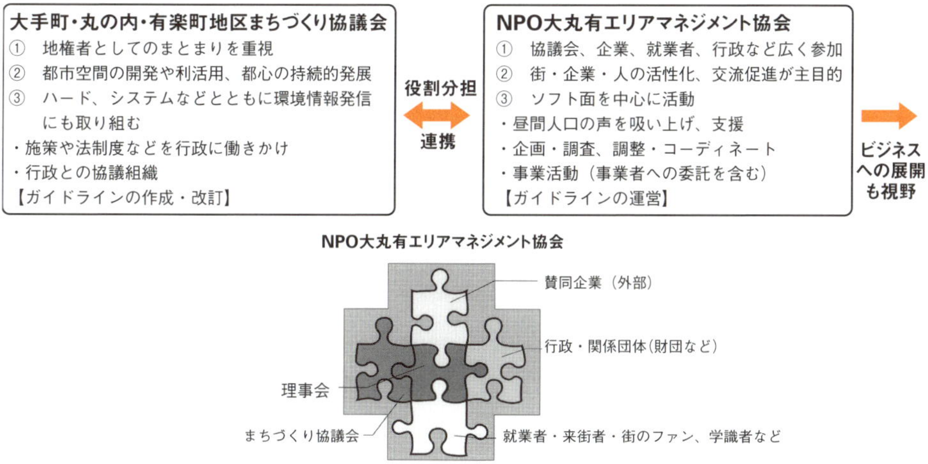
大手町・丸の内・有楽町地区まちづくり協議会
① 地権者としてのまとまりを重視
② 都市空間の開発や利活用、都心の持続的発展
③ ハード、システムなどとともに環境情報発信にも取り組む
・施策や法制度などを行政に働きかけ
・行政との協議組織
【ガイドラインの作成・改訂】
役割分担
連携
NPO大丸有エリアマネジメント協会
① 協議会、企業、就業者、行政など広く参加
② 街・企業・人の活性化、交流促進が主目的
③ ソフト面を中心に活動
・昼間人口の声を吸い上げ、支援
・企画・調査、調整・コーディネート
・事業活動（事業者への委託を含む）
【ガイドラインの運営】
ビジネスへの展開も視野
NPO大丸有エリアマネジメント協会
賛同企業（外部）
行政・関係団体（財団など）
理事会
まちづくり協議会
就業者・来街者・街のファン、学識者など

図7-3　エリアマネジメント組織
（出典：NPO大丸有エリアマネジメント協会資料をもとに作成）

（この項目、＊1「エリアマネジメント・インタビュー 第1回小林重敬先生」国土交通省土地総合情報ライブラリー、2012年3月、＊2「大手町・丸の内・有楽町地区まちづくりガイドライン2008」エコッツェリア協会ホームページ、2012年3月より引用）

8
都市・地域エネルギーシステムのベストプラクティス

8-1　国内編

1　六本木ヒルズ

特定電気事業／コージェネレーション地域熱供給

場所
東京都港区六本木
事業者
六本木エネルギーサービス
供給開始
2003年5月
供給エリア面積
12万5,000m^2
供給延床面積
72万m^2
主要建物
事務所、ホテル、劇場、住宅、放送局

東京都心の都市再生事業

六本木ヒルズは、東京都心の敷地面積約11万m^2の中に、商業と事務所の超高層複合ビルである延床面積38万m^2の六本木ヒルズ森タワーをはじめとした、ホテル、共同住宅、テレビ放送局、美術館、映画館などの建物を有する総延床面積72万m^2の大規模再開発地区である。2003年に開業した。

特定電気事業者として“自家発電”

森タワーの地下にある六本木エネルギーセンターから、森タワー（38万m^2）、グランドハイアット東京（ホテル、6.9万m^2）、けやき坂テラス（商業施設、0.7万m^2）、けやき坂コンプレックス（商業施設、1.9万m^2）、六本木ヒルズレジデンシャル（集合住宅、15万m^2）、ハリウッドビューティープラザ（専門学校、2.5万m^2）、に電力、熱を供給し、テレビ朝日（放送局、7.4万m^2）には熱のみを供給している。また六本木ヒルズゲートタワー（事務所、集合住宅、3.1万m^2）には将来、熱供給をする予定である。

エネルギー供給の最大の特徴は、六本木エネルギーセンターが特定電気事業者であり、上記建物の電力需要をすべてこのセンターから供給している点にある。そのため、エネルギーセンターには、最大発電出力6,360kWのガスタービンを6基設置し、発電とともに排熱利用も行うCGS（コージェネレーションシステム）が構築されている。また、回収される排熱を利用した発電出力500kWの背圧蒸気タービンも設置され、センターの最大発電出力は、38,660kWである。このCGSは、熱電可変型システムとなっており、電力需要の多い時期はガスタービンから回収される排熱を再度ガスタービンに投入することにより、熱電比をコントロールすることができる。またCGSのエネルギー源として、中圧管による都市ガスを用いているが、デュアルフューエル対応もしており、灯油でも稼働できるようになっている。

冷熱は、CGSの排熱を利用した蒸気吸収冷凍機（2,500RT × 6台、2,000RT × 2台）による冷水を供給している。CGSの排熱量が不足する場合は、都市ガスを熱源とした蒸気ボイラ（約18万GJ/h）の蒸気も用いる。

温熱として、CGSの排熱と蒸気ボイラによる蒸気を供給している。

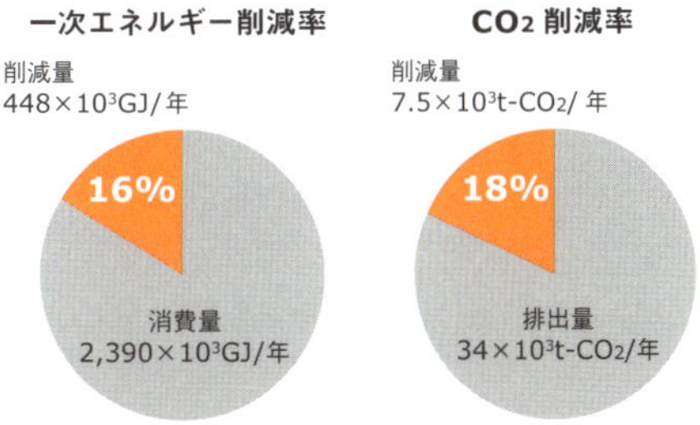

図1　省エネ・省CO_2効果（2007年実績）
（出典：森ビルウェブサイトより）

省エネ、CO_2効果

2007年度実績で、一次エネルギー削減率は16%、CO_2削減率は18%となっている。

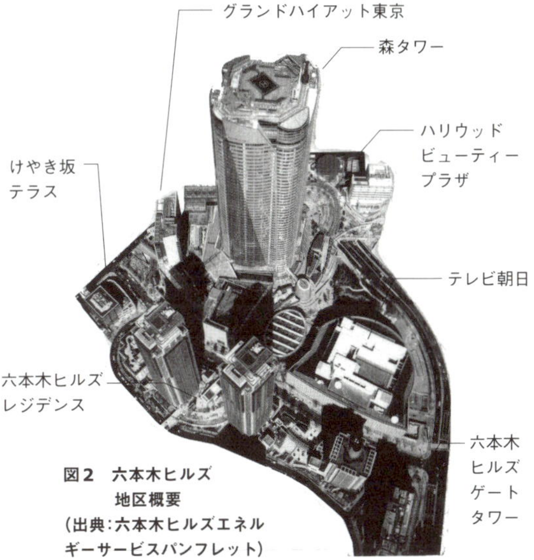

図2　六本木ヒルズ地区概要
（出典：六本木ヒルズエネルギーサービスパンフレット）

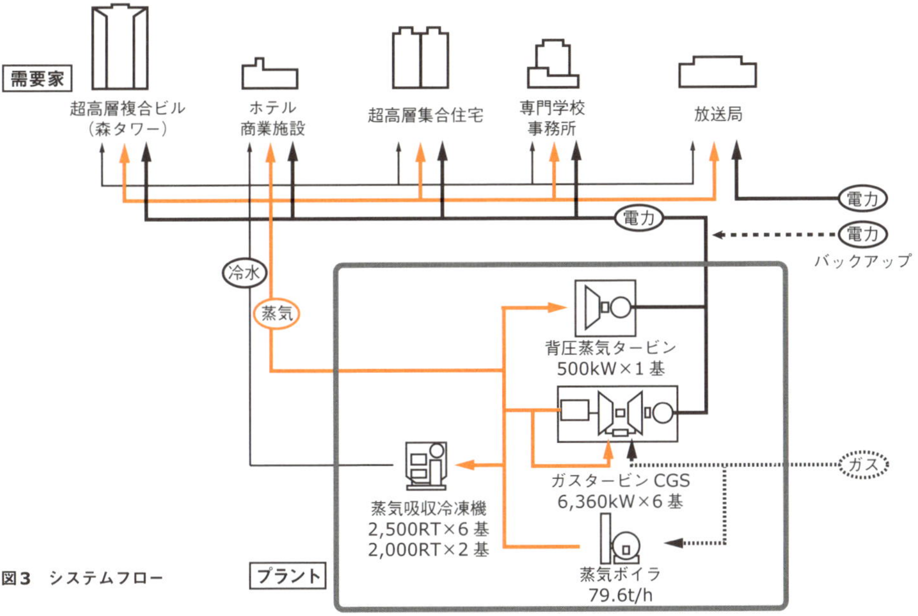

図3　システムフロー

8-1　国内編

2 新宿新都心地区

コージェネレーション地域熱供給

場所
東京都新宿区西新宿
事業者
エネルギーアドバンス
(ESCOサービス事業者)
供給開始
1971年4月
供給エリア面積
33万2,000m^2
供給延床面積
220万m^2
主要建物
庁舎、ホテル、オフィスビル

世界最大級の熱供給プラント

東京・新宿新都心地区の熱供給プラントである新宿地域冷暖房センターは1971年に開設され、都庁移転などにともなって現地点にプラントを移設した。冷凍能力207,680kW(59,000RT)、加熱能力173,139kWで、都庁舎を含む超高層ビル群（高さ100m以上のビルは15棟）を中心とした供給延床面積220万m^{2}の世界最大級のプラントである。

システムは、都市ガスを燃料とし、暖房・給湯用にはボイラで発生させた蒸気を減温・減圧した1MPaの蒸気、冷房用には蒸気タービン・ターボ冷凍機と蒸気吸収式冷凍機で製造した4℃の冷水を供給している。供給方式は4管方式であり、地域配管の総延長は約8,000mにおよぶ。電力については、天然ガスを燃料とした2基のガスタービンコージェネレーションシステム（CGS）によって、1号機（4,500kW）は隣接する新宿パークタワーにおける電力の約50％を、2号機(4,000kW）はプラント自身の電力の約40％を賄っている。

なお、2011年3月の東日本大震災による電力不足を受けて、東京都は都庁舎で使用する電力（最大需要電力11,000kW）のうち3,000kW分を東京ガスから購入することとし、このプラントCGSを都庁舎専用機として2012年12月から供給を開始する予定である。

また同じく2012年度からは、環境省の「低炭素化にむけた事業者連携型モデル事業」の一環として、隣接する西新宿一丁目地区地域冷暖房と熱融通導管で接続し、熱融通の有効性の実証を行う計画である。地域冷暖房間の熱融通は、接続する2つの地域冷暖房の規模やプラント装置の機器効率、需要家の用途構成などが異なる場合に特に有効であり、熱源の負荷率の向上や高効率機器の優先利用によって、さらなる低炭素化を図ることが可能となる。

さらに、この地域冷暖房プラントでは稼働開始から長期間にわたって運用されている機器も多いため、冷凍機やCGSのリニューアル工事が計画されており、これによってプラント効率の向上が見込まれている。

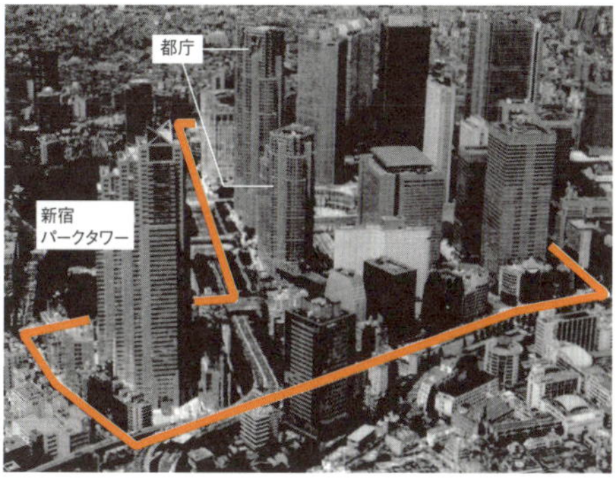

図1　新宿新都心地区概要
（このページすべて出典：エネルギーアドバンス資料をもとに作成、一部加工）

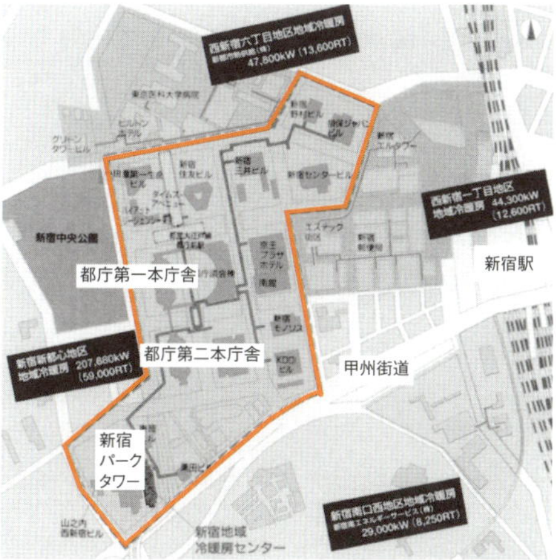

図2　供給エリア

表1　熱源設備の構成

温熱源

型式	能力	換算蒸発量	基数
水管式ボイラ	82GJ/h	36.62t/h	1基
	165GJ/h	73.25t/h	3基
CGS 排熱式ボイラ	25GJ/h	11.09t/h	1基
	20GJ/h	8.89t/h	1基
合計	**623GJ/h**	**276.25t/h**	**6基**

冷熱源

型式	能力		基数
背圧タービン・ターボ冷凍機	25GJ/h	2,000RT	1基
二重効用吸収式冷凍機	13GJ/h	1,000RT	2基
背圧タービン・ターボ冷凍機	36GJ/h	2,870RT	1基
二重効用吸収式冷凍機	26GJ/h	2,065RT	2基
復水タービン・ターボ冷凍機	51GJ/h	4,000RT	1基
	89GJ/h	7,000RT	2基
	127GJ/h	10,000RT	3基
合計	**747GJ/h**	**59,000RT**	**12基**

コージェネレーション設備

型式	機器能力	基数
ガスタービン	4,000kW	1基
	4,500kW	1基
合計	**8,500kW**	**2基**

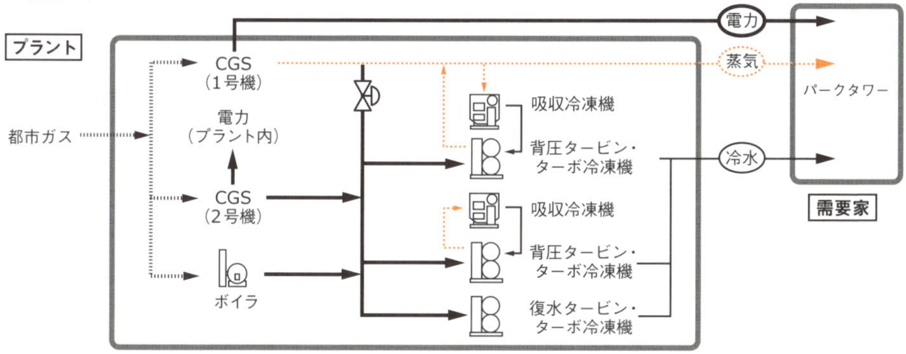

図3　システムフロー

8-1　国内編

3 晴海アイランド地区

コミュニティ水槽／地域熱供給

場所
東京都中央区晴海
事業者
東京都市サービス
供給開始
2001年4月
供給エリア面積
6万1,000m^2
供給延床面積
46万m^2
主要建物
事務所、物販、飲食

大規模再開発

東京・晴海アイランドトリトンスクエア（晴海DHC）は、敷地面積8万5,000m^2、延床面積67万m^2におよぶ大規模再開発地区である。この晴海アイランド地区の冷温熱は、地域冷暖房から供給されている。その供給開始は2001年4月からである。供給先の建物用途は、事務所および商業施設であり、住宅には熱供給は行われていない。供給延床面積は、約46万m^2となる。

日本最大の水蓄熱槽

地域冷暖房のシステムは、ターボ冷凍機2基、ヒーティングタワーヒートポンプ2基、熱回収ターボ冷凍機2基、水蓄熱槽から構成されており、全電力の地域冷暖房である。

このシステムの特徴は、日本最大の水蓄熱槽を有していることである。この蓄熱槽容量は、冷水4,700m^3×2槽、冷温水4,700m^3×2槽、温水260m^3×1槽の計19,060m^3になる。蓄熱槽容量を大きくすることにより、熱源機器の最高効率による運転を可能とした。これらの、蓄熱槽は超高層オフィス棟の基礎部分に配置され、強固な地盤に直接支持して耐震性を高める構造計画と一体となっている。また、この蓄熱槽に貯められた水は、コミュニティタンクと呼ばれ、災害時の消防用水や生活用水として利用できるため、地区の防災機能向上にも寄与する。

地域冷暖房プラントは、地区全体の重心となる位置に配置され、熱搬送の距離を短くしている。熱搬送時の温度差を10℃（通常は5℃程度）としており、熱搬送動力の大幅な電力削減を実現している。大温度差送水を実現させるため、需要家側にも設計ガイドラインが設定され、熱利用のための技術基準が明記された。

国内最高レベルの効率

この地区では、街区全体の統一的なタウンマネジメントが実現し、国内最高レベルの効率が維持されている。その要因として、再開発の計画初期から熱源システムを計画し、合理的かつ環境性、経済性に優れたシステムを構築できたこと、計画から運用にいたるまで一貫したタウンマネジメントが実現されたことが挙げられる。また、地域冷暖房プラントの一方的な高効率運用のみならず、需要家側との設計ガイドラインによって連携した運用によるところも大きい。

システムのCO_2排出削減効果は、全国の地域冷暖房平均と比較し、約60％の削減効果を実現している。

図1　晴海アイランド地区（トリトンスクエア）俯瞰
（出典：空気調和・衛生工学会「空気調和・衛生工学」第78巻、10号、p.31、2004年10月）

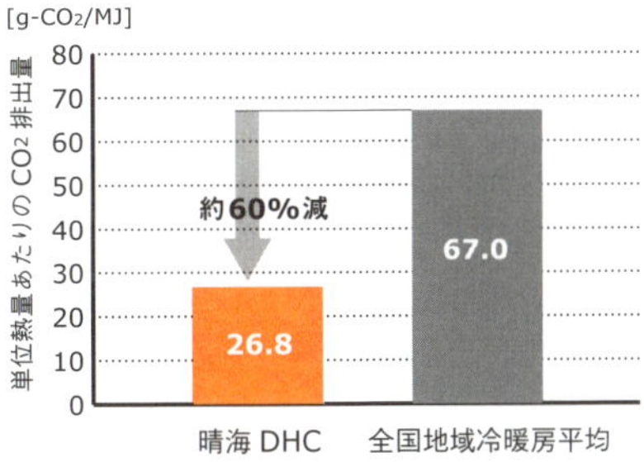

図2　CO_2削減量
（出典：空気調和・衛生工学会「空気調和・衛生工学」第78巻、10号、p.3、2004年10月）

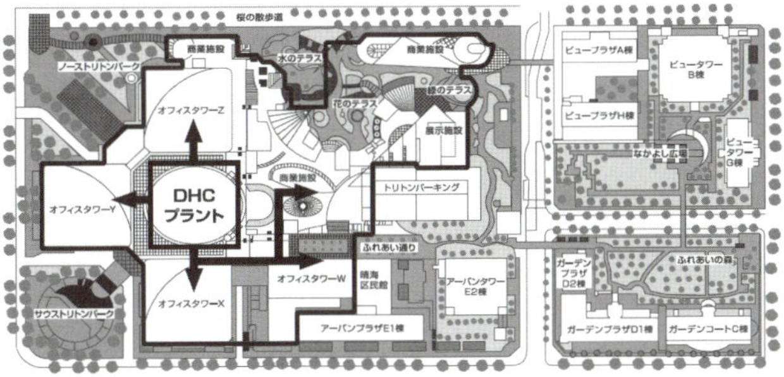

図3　供給エリア
（図3および図4出典：ヒートポンプ・蓄熱センター「ヒートポンプを活用した低炭素型まちづくり」、2011年）

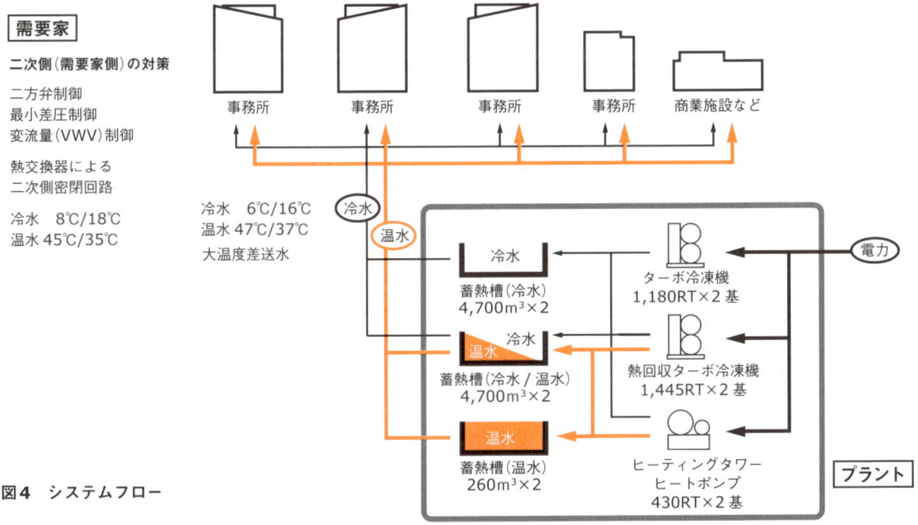

図4　システムフロー

8-1　国内編

4 幕張新都心インターナショナル・ビジネス地区

高効率コージェネレーション熱電併給

場所
千葉県千葉市美浜区中瀬
事業者
エネルギーアドバンス
（ESCOサービス事業者）
供給開始
1989年10月
供給エリア面積
62万m^2
供給延床面積
70万m^2
主要建物
展示室・会議室施設、事務所ビル、ホテル

幕張新都心の中核エリア

幕張新都心は東京都心部と成田国際空港の真ん中に位置し、未来型国際業務都市をめざして開発された。その全エリア面積は522万m^2であり、幕張メッセ（コンベンションセンター）を核に、オフィスビル、ホテル、情報関連産業、ショッピングセンター、住宅などの複合機能を有している。その中のインターナショナル・ビジネス地区は、アメニティ・技術・情報をキーワードに開発され、62万m^2（12%）を占める。

地域エネルギーシステムへの改修

この地区にある「幕張地域冷暖房センター」に熱源プラントがあり、1989年に熱供給を開始した。

この地区が注目される理由は、2007年の改修にある。この改修では、新たにプラント設備が既存プラント設備の隣に建設され、高効率ガスエンジンコージェネレーションシステムが設置された。これまでの熱供給に加えて、電気を供給するエネルギーシステムへと変わった。つまり、35年の歴史をもつ地域熱供給から電力供給を加えた「地域エネルギーサービス」へと転換した。

新設のプラントには、ガスエンジン発電機と排熱ボイラおよび温水吸収式冷凍機が設置され、電気と蒸気、冷水が生産されている。蒸気は二重効用吸収式冷凍機の熱源としても用いられ冷水がつくられる。電気は電動ターボ冷凍機で一部が用いられ、プラント用電力と合わせると約20%の使用量である。の残りの約80%は外部に売電されている。また、ガスエンジンを冷却する際に発生する排熱（温水）は、温水吸収式冷凍機で無駄なく利用され、冷水を製造している。

改修後のシステムの特徴

従来の地域冷暖房センターと異なり、熱供給のみではなく、地域外に電力を供給している点が新しい。そして、これ以外にもこのシステムが注目される理由がある。従来、コージェネレーションシステムの発電電力は、設置建物や設置プラントで使用される自己消費のタイプがほとんどであり、熱製造には、排熱回収された蒸気や温水を使い吸収式冷凍機で冷水を製造するタイプが多かった。それに対して、このシステムでは、従来型に加え高効率ガスエンジンによる高効率な電気を用いて、定格COP6超の高効率な電動ターボ冷凍機で冷水を製造しているところにも特徴がある。

電動ターボ冷凍機で使用する電気の効率は、一般的な火力発電所の平均需要端効率は約37%（省エネルギー法で現在示されている全日平均の値）に対して、約41%（LHV 45.6%をHHVに換算した値）と約4%高い。つまり、電動ターボ冷凍機の定格COP6とすると、一般の電気では、冷水の製造効率（一次エネルギー基準）は6 × 0.37 = 2.22であるが、本プラントでは6 × 0.41 = 2.46となる。これは、もし同じ負荷の冷水を製造する場合は約10%の省エネルギーに相当する。

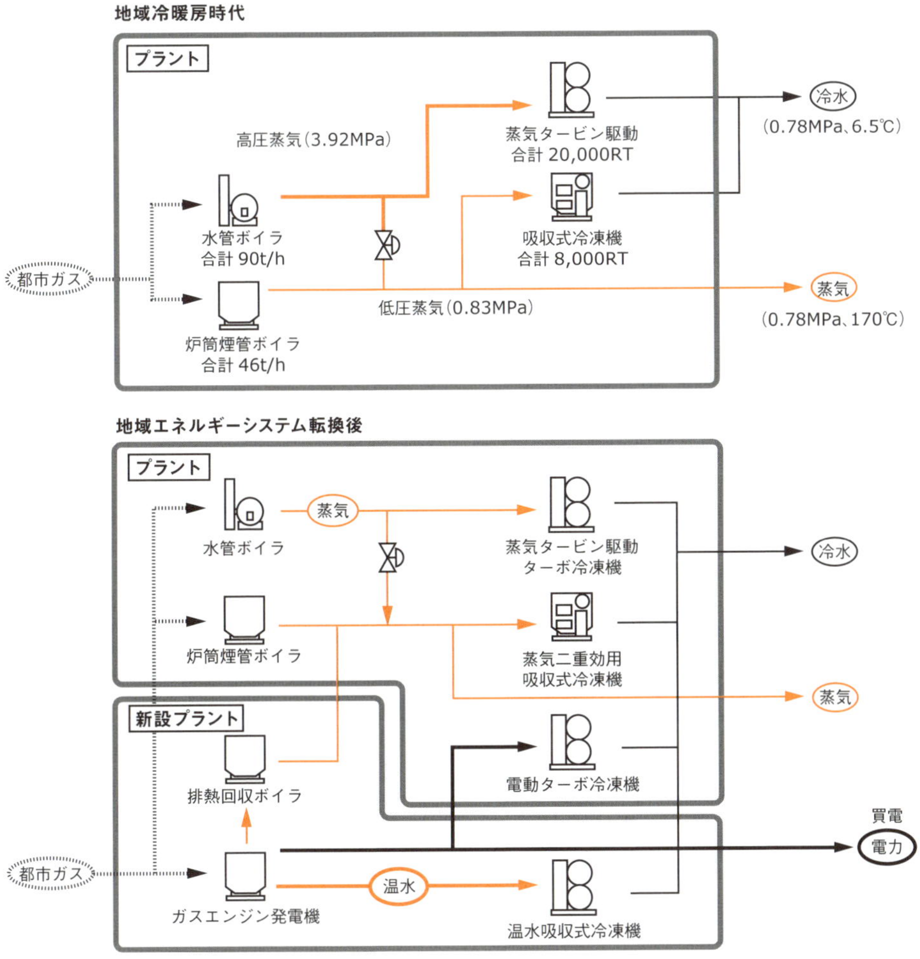

図1　改修前と改修後のシステムフロー（出典：エネルギーアドバンスウェブサイトをもとに作成）

8-1　国内編

5　幕張新都心ハイテク・ビジネス地区

下水処理水熱利用

場所
千葉県千葉市美浜区中瀬
事業者
東京都市サービス
供給開始
1990年
供給エリア面積
48.9万m^2
供給延床面積
94.7万m^2
主要建物
事務所ビル、ホテル

複合機能都市・未来型国際業務都市

幕張新都心は、千葉県が進める「千葉新産業三角構想」の拠点の1つで、職・住・学・遊の複合機能都市・未来型国際業務都市をめざして開発された。JR海浜幕張駅の北側に位置するハイテク・ビジネス地区は日本を代表する電機メーカー、通信会社のオフィスビルが立ち並ぶ高度業務地区となっている。

日本初の下水処理水活用地域冷暖房

この地区の地域冷暖房は、花見川終末処理場（下水汚泥処理）と花見川第二処理場（下水処理）を結ぶ下水処理水幹線から下水処理水を引き込み、日本初の下水処理水活用地域冷暖房として、1990年に熱供給開始した。

冬期需要をほとんど賄う

熱源システムは、下水処理水を熱源水または冷却水として利用する水熱源ヒートポンプ、熱回収ヒートポンプ、ターボ冷凍機、蓄熱槽からなる。

年間の熱製造量のうち、59.5％が水熱源ヒートポンプ、34.7％が熱回収ヒートポンプで製造されている。冷水製造、温水製造に分けてみてみると、冷水製造量の69.9％が水熱源ヒートポンプで製造されているのに対して、温水製造量の93.1％が熱回収ヒートポンプで製造されている。この地区は、オフィスが多いことから冬期の暖房需要が小さいこと、逆に冬期でも冷房需要があることから、冬期の冷暖房需要のほとんどを熱回収ヒートポンプで賄うことができている。

このように、下水処理水未利用熱の利用および熱回収ヒートポンプの利用によって、わが国トップクラスの総合エネルギー効率1.25を実現している。

写真1　幕張新都心ハイテク・ビジネス地区概要
（出典：日本熱供給事業協会ウェブサイト）

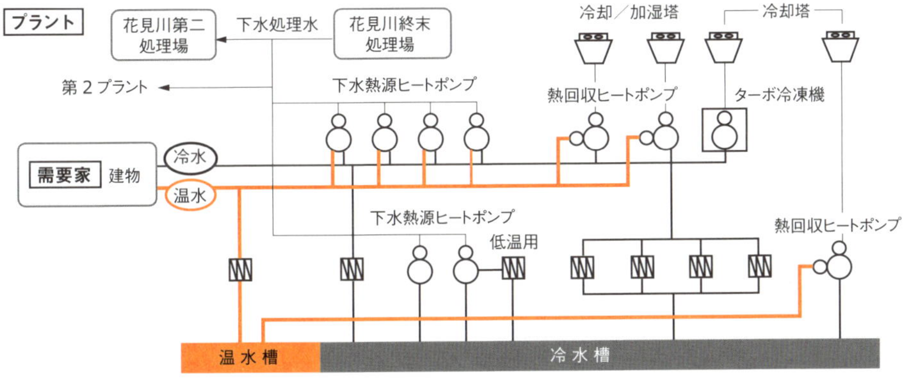

図１　システムフロー（出典：東京電力資料をもとに作成）

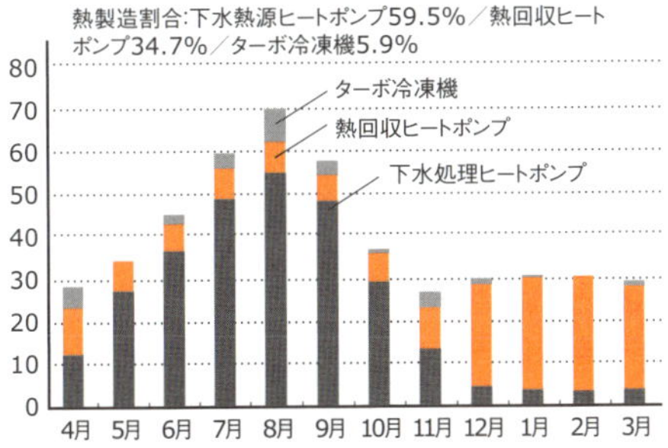

図２　月別熱源機器別熱製造割合
（図２および図３出典：吉田聡ほか「未利用エネルギーを活用した地域冷暖房システムの有効性評価（第１報）低温未利用エネルギー活用の有効性評価」『空気調和・衛生工学会大会学術講演会梗概集』2002年）

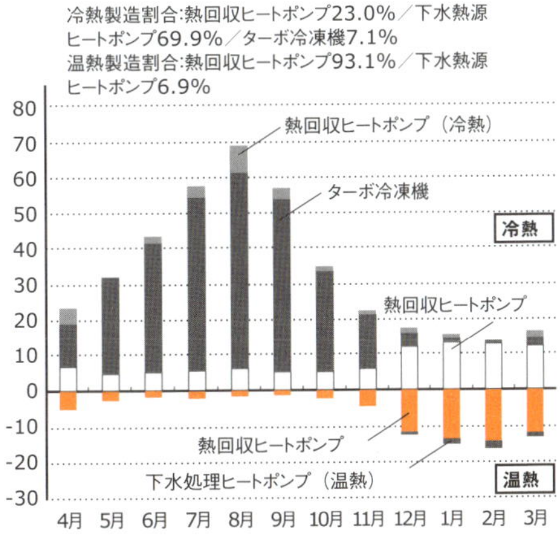

図３　冷温熱別の熱源機器別熱製造割合

表１　プラント主要熱源機器
（表１および表２出典：東京都市サービスウェブサイト）

熱源設備	能力 冷却能力 (MJ/h)	冷却能力 (USRT)	加熱能力 (MJ/h)	基数
空気熱源ヒートポンプ（熱回収型）	9,494	750	11,498	2
	18,988	1,500	20,863	1
水熱源ヒートポンプ	15,823	1,250	17,913	2
	37,976	3,000	39,810	4
電動ターボ冷凍機	37,976	3,000	-	1
電気ヒーター	-	-	1,584	1
	-	-	4,680	2
計	259,502	20,500	249,869	

表２　蓄熱槽容量

種類	冷水槽 (m³)	冷温水槽 (m³)	冷温水槽 (m³)	温水槽 (m³)	合計 (m³)
容量	250	2,130	1,860	220	4,460
槽数	1	1	1	1	4

8-1　国内編

6 六甲アイランドシティ

スラッジ焼却排熱利用／成り行き温度温水供給

場所
兵庫県神戸市東灘区向洋町中
事業者
六甲アイランドエネルギーサービス
供給開始
1988年3月
供給戸数
3,601戸
主要建物
集合住宅

住宅中心の都市開発

神戸市の六甲アイランドは、ポートアイランドに続く2番目の人工島（約580万m^2）で、神戸市の都市開発として港湾設備とともに、海上文化都市をめざしてつくられた都市開発エリアである。超高層集合住宅から一戸建てまでの住宅、学校やオフィスビル、ホテル、ファッションセンターなどが立地している。ポートアイランドに比べ住宅地を主としたまちづくりがなされ、1988年3月に最初の住宅街が完成した。2010年現在の人口は約1万7,800人である。

下水処理の排熱利用

ここで用いられているのはは、神戸市東部スラッジセンターから発生する下水汚泥焼却時の排熱を地域配管によりエリア内の集合住宅約3,600戸に供給している地域温水供給システムで、1988年3月から事業を開始している。スラッジセンターでは汚泥の焼却により発生する排ガスを水冷却する過程があり、その際に温排水が発生する。この温排水の温度は約50～64℃である。そして、この温排水と熱交換された50～64℃の温水が集合住宅の住棟に、住棟内でこの温水と熱交換された水道水（中温水）が各住戸に供給される。各住戸では、それぞれに設置されているガス給湯機を用いて、その中温水を必要な温度まで昇温して利用する。したがって、各住戸の給湯用のガス消費量を削減するシステムといえる。

水温は各住戸で調整

まず、未利用エネルギー活用のシステムであるが、ごみ焼却排熱ではなく下水汚泥の焼却排熱という点が珍しい。そして、焼却排熱を利用する場合、通常はプラント設備で昇温して規定の温度（例えば60℃）の温水を各住戸に供給するが、本システムでは成り行き温度の温水を供給し、昇温は需要者側（各住戸）で選択しながら実施している点が興味深い。そのため供給側のプラント設備は、熱交換器と温水を供給するポンプ程度である。その代わり、温水の利用料は従量料金制ではなく月額定額制である。

住民の使用感、エネルギー消費量などに関するアンケート調査（1999年11月実施）では、住民のシステムに対する満足度は85％が「満足」「やや満足」と回答している（図2）。また、熱料金に対する評価については「非常に安い」「安い」「妥当」を合わせると73％、入居前の予想と比較して入居後のガス代が「非常に安かった」「安かった」を合わせると76%が「安くなった」と回答している。近畿地方における一般的な家庭用エネルギー消費原単位と比較すると、電気使用量はほぼ同じであるがガス使用量は小さく、総エネルギー消費量は約8～9割である（図3）。本温水供給システムは、住民の満足度も高く、省エネルギー性が高いシステムといえる。

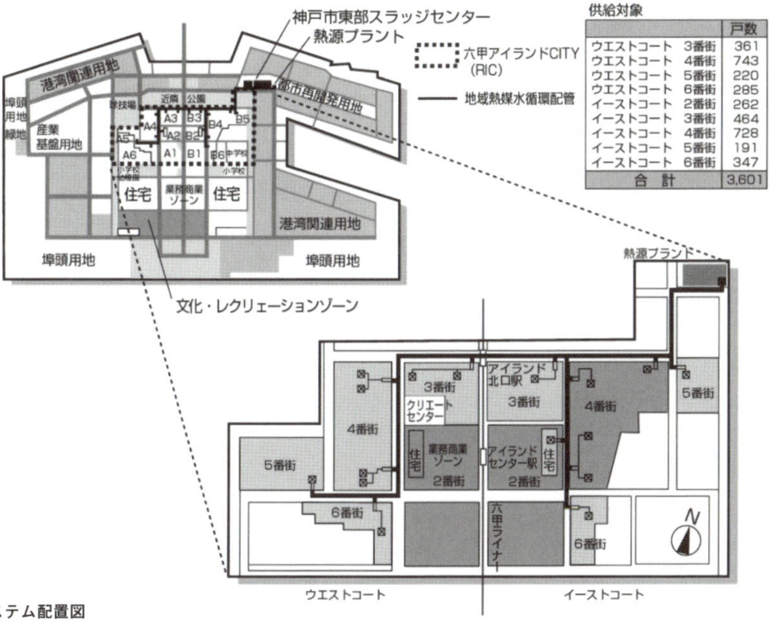

供給対象

	戸数
ウエストコート　3番街	361
ウエストコート　4番街	743
ウエストコート　5番街	220
ウエストコート　6番街	285
イーストコート　2番街	262
イーストコート　3番街	464
イーストコート　4番街	728
イーストコート　5番街	191
イーストコート　6番街	347
合　計	3,601

図1　システム配置図

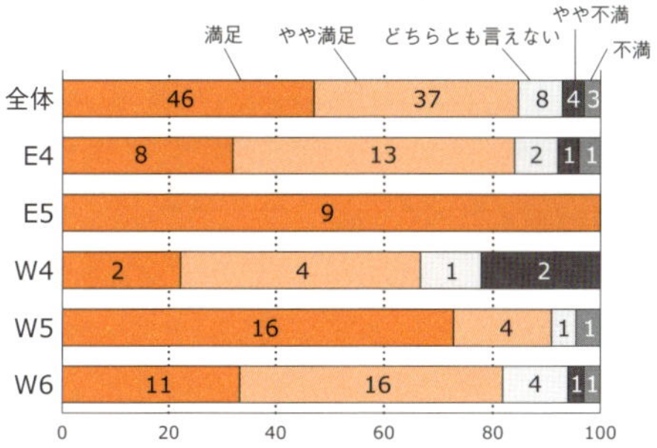

図2　住棟別のシステムに対する満足度

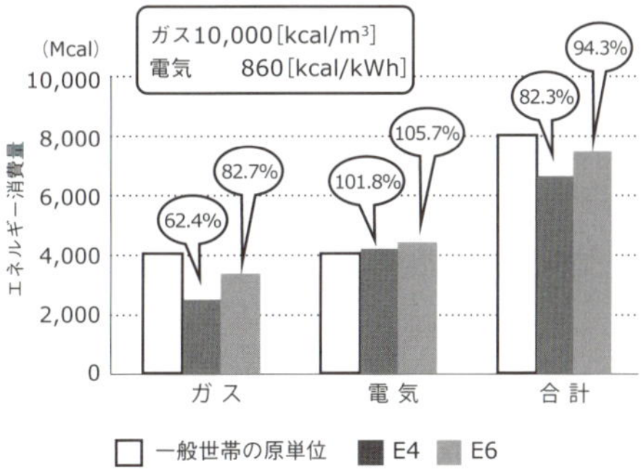

図3　住棟別のエネルギー消費量の比較

8-1　国内編

7 新横浜3施設 ESCO

建物間エネルギー融通

場所
神奈川県横浜市港北区鳥山町
事業者
エネルギーアドバンス
(ESCOサービス事業者)
事業開始
2006年4月
供給延床面積
40,969m^2
主要建物
リハビリ施設、スポーツ施設、介護老人保健医療施設

利用状況の異なる3施設

横浜市の公共建築物ESCO（Energy Service COmpany、113ページに解説）事業の第1号事業として、新横浜にある3施設、障害者スポーツ文化センター横浜ラ・ポール（以下、スポーツ施設）、リハビリテーションセンター（リハビリ施設、この2つは介護老人保健医療施設、横浜市リハビリ事業団）、総合保健医療センター（横浜市総合医療財団）の設備機器更新に合わせて、「建物間エネルギー融通」システムが採用された。この3施設は、平日／休日、日中／夜間の利用状況がそれぞれ異なり、3施設が連携することで負荷が平準化されることから、「建物間エネルギー融通」システムにより大きな省エネルギーが実現している。

電力および熱融通システム

ESCO事業では、高効率照明の採用などのほか、熱源システムの老朽機器の更新、スポーツ施設とリハビリ施設の共同受電（2施設間での電力融通）、ガスエンジンコージェネレーションシステム（CGS）の導入、3施設間の熱融通が採用された。

リハビリ施設に設置されたガスエンジンCGSは日中稼働し、リハビリ施設の電力需要の一部を賄う。残りはスポーツ施設で共同受電した電力から供給される。ガスエンジンCGSの排熱は、まずはリハビリ施設内の冷暖房、給湯負荷に対して供給され、余剰分はスポーツ施設の温水プール負荷、冷暖房、保険医療施設の冷暖房負荷に対して融通される。一方で、熱負荷が小さくなる夜間はガスエンジンCGSが停止され、介護老人保健医療施設に設置の空冷ヒートポンプチラーからリハビリ施設、スポーツ施設に熱融通される。

ESCO事業開始から1年後に、実績データをもとにして機器更新・ガスエンジンCGS導入効果と熱融通効果をシミュレーションにより試算した結果、機器更新・CGS導入により7%の一次エネルギー削減、熱融通により加えて4%の一次エネルギー削減の効果があることが明らかになった。

連携による平準化効果

エネルギー融通を行う3施設間の負荷パターンが異なり、連携することでの平準化効果が大きい組み合わせであったこと、3施設がいずれも横浜市関連の施設であり、かつ空間的にも地下の駐車場でつながっていることで熱融通間の設置が比較的容易であったことが、実現のポイントである。

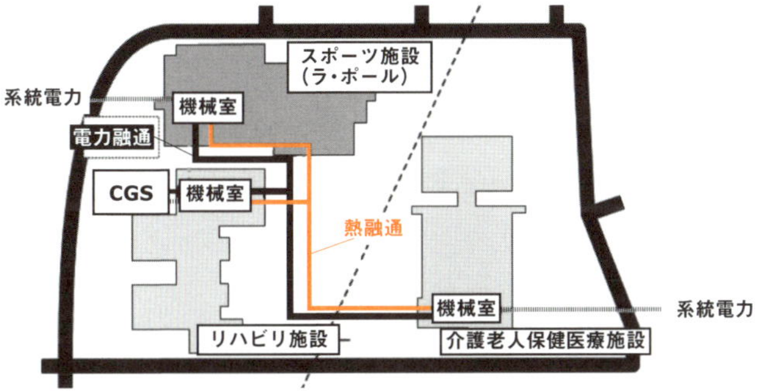

図1　建物間エネルギー融通の仕組み

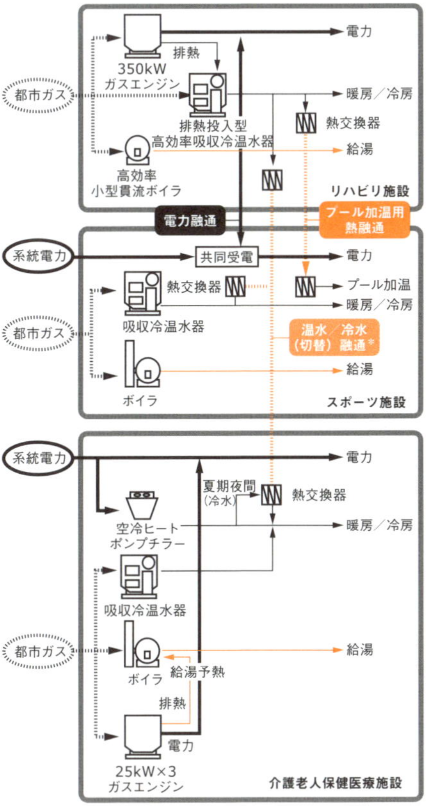

図2　システムフロー

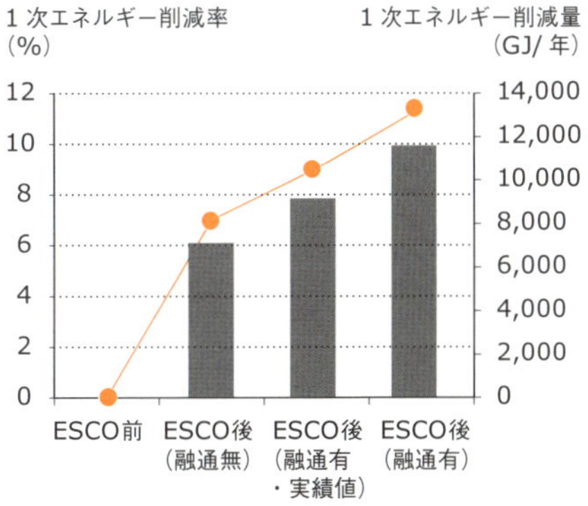

図3　建物間エネルギー融通の効果

＊冬期温水・夏期日中冷水…リハビリ施設
→スポーツ施設・介護老人保健医療施設
夏期夜間冷水…介護老人保健医療施設→リハビリ施設

8-1　国内編

8 越谷レイクタウン

太陽熱利用

場所
埼玉県越谷市大成町
事業者
大和ハウス工業
供給開始
2009年
供給延床面積
55,531m^2
主要建物
集合住宅（分譲、総戸数500戸）

集合住宅での太陽熱利用

「ダイワハウスD’グラフォート越谷レイクタウン」は、市街地整備で開発された越谷レイクタウンの駅前に2009年9月に完成した、建物棟数7棟、総戸数500戸からなる分譲型集合住宅で、住宅街区に面的かつ集中熱源型の太陽熱利用設備が導入された国内初めての例である。

電気・ガスを一括購入

この集合住宅7棟のうちの2棟の屋上に設置された総面積950m^{2}の太陽熱パネルで集められた熱が、熱源機械室内の装置で給湯用と暖房用に分けて回収されている。給湯用は、いったん60m^{3}の貯湯槽に蓄えられた後、各棟1階機械室のブースター熱交換ユニットに送られ、そこで60℃に調整して各戸の風呂、台所、キッチン、浴槽の追い焚き装置に供給される。暖房用も、太陽熱とボイラで80℃前後に加温された後、各戸の床暖房ミキシングユニットに循環供給される。

この住棟セントラル給湯・暖房システムでは、ガスは業務用として一括購入しており、各戸の温水メーターおよび熱量計にて計量して管理組合で按分精算している。電力も業務用電力として一括購入して各戸の電力メーターにて精算しており、ガス・電力とも業務用単価となるため、どちらも割安な価格となっており、一般家庭用と比較すると大幅なコスト低減が図られている。

グリーン熱証書の取り組み

この建物では、2010年7月～8月に回収した熱量400億J分が日本初の「グリーン熱証書」（後述）として取引され、後日行われた東京都内の映画祭でのCO_2排出の相殺に充てられた。この証書の環境価値の販売による収益は、太陽熱利用システムの修繕費に充てられる予定である。

2009年4月よりスタートした「グリーン熱証書」制度は、太陽熱やバイオマスなどによる自然エネルギーの熱がもつCO_2削減などの環境付加価値を「証書」化して取引する制度である。この「グリーン熱証書」は購入希望企業が環境への取り組みに利用することができ、2010年4月にスタートした東京都の「都民の健康と安全を確保する環境に関する条例」に基づく総量削減義務と排出権取引制度の「再エネクレジット」としても利用することができる。

写真１　建物全景
（出典：大和ハウス工業ウェブサイト）

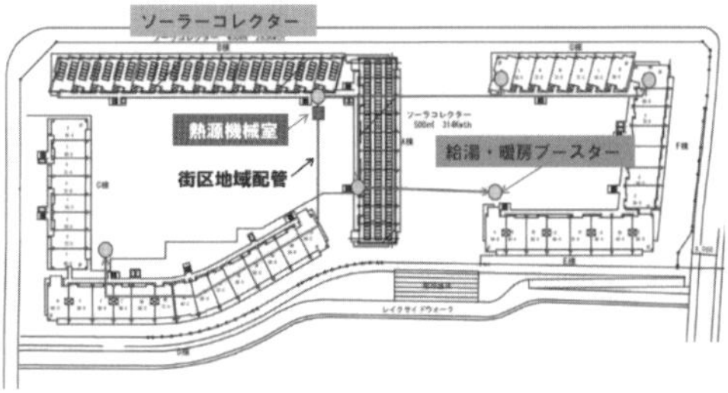

図１　街区地域配管図
（出典：大阪テクノクラート資料）

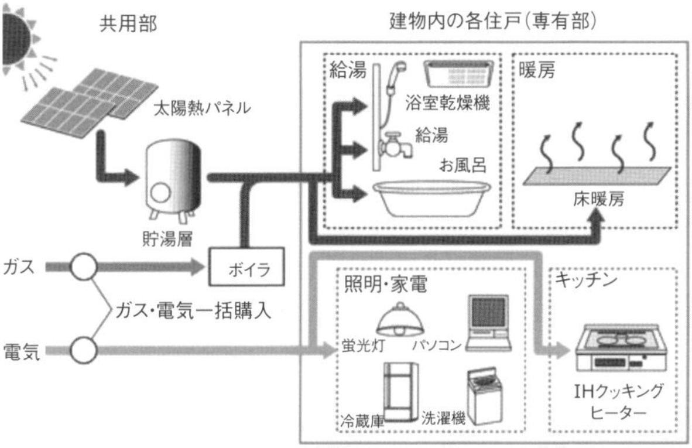

図２　システム概念図
（出典：大阪テクノクラート資料）

写真２　太陽熱パネル

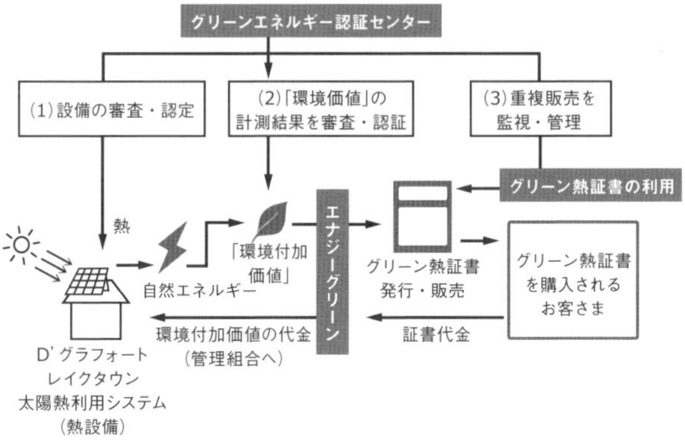

図３　グリーン熱証書発行の流れ
（出典：大和ハウス工業ウェブサイトをもとに作成）

写真３　熱交換ユニット

8-1　国内編

9 ささしまライブ 24 地区

下水処理水熱利用

場所
愛知県名古屋市
事業者
名古屋都市エネルギー
供給開始
2012年3月
供給エリア面積
7万m^2
供給延床面積
25万5,000m^2
主要建物
ホテル、コンファレンスセンター、事務所、商業施設、大学

名古屋駅南側の大規模再開発

ささしまライブ 24 地区は、旧国鉄の笹島貨物駅跡地 12.4 万 m^2 の再開発地区である。名古屋市の「環境首都構想」「都市空間・生活モデルの創造」（車に頼らない「駅そばライフ」、川と緑の再生をめざした「風水緑陰ライフ」、超省エネルギーをめざした「低炭素ライフ」など）を受け、「交流」「環境」「防災」のコンセプトで再開発が行われている。現在のところオフィスを主体とした複合ビル、大学キャンパスで構成され、今後、放送局の新社屋も加わる予定である。この地区に地域冷暖房システムが導入された。供給延床面積の合計は約 25.5 万 m^2 である。

国内最高クラスの高効率システム

地域冷暖房のシステムは、基本計画時に 64 ケース、実施設計時に 10 ケースのシミュレーションを通して、最適なシステムが計画された。システム構成は、高効率ガスエンジンコージェネレーションシステム（CGS、507kW × 2 基、発電効率 41％、排熱利用 1,018kW）、排熱投入型冷温水発生機（10,00RT）、高効率ガス吸収冷温水機（冷熱 1,000RT、温熱 8.44GJ/h × 3 基）、インバータ熱回収型ターボ冷凍機（800RT）、高効率ターボ冷凍機（1,600RT）、水熱源ヒートポンプ（810RT）、蒸気ボイラ（1,570kW × 7 基）、地中梁の空間を利用した 3,900m^3 の水蓄熱槽（8,000RTh（800 ～ 1,200RT/h））であり、電力・ガス併用方式となっている。また、温度差 9℃による大温度差送水、下水処理水の温度差エネルギー利用、太陽熱利用を採用し、国内最高クラスであるプラント総合効率 1.42 をめざしている。

CGS の電力は、大学キャンパスで使用され、全体の 24％に相当する。下水処理水は、露橋水処理センターから、冬 16℃、夏 25℃の温度で、プラントに 30,000m^3/ 日の供給を見込んでおり、利用温度差は熱源水として 4℃差、冷却水として 2℃差としている。

省エネ、CO_2 効果

この地区は、従来型のシステムと比較し、地域全体で 6,488t-CO_2/ 年、25％の CO_2 削減効果をめざしている。その内訳は、建物側の削減効果がオフィスビルで 4,272 t-CO_2/ 年、大学キャンパスで 776 t-CO_2/ 年、地域冷暖房導入による効果が 1,437 t-CO_2/ 年である。

熱源ネットワーク構想

この地区の近くには、名駅南地区、名駅東地区、JR 東海名古屋駅周辺地区の 3 つの地域冷暖房がある。このうち、名駅南地区と名駅東地区のプラントでは、すでに冷水の熱融通が実施されている。将来的には、これらの地区とのプラント間熱融通を実施し、露橋水処理センターとの連携により、さらなる CO_2 排出量削減、都市排熱を縮減し、都市環境の改善を図ることを構想している。

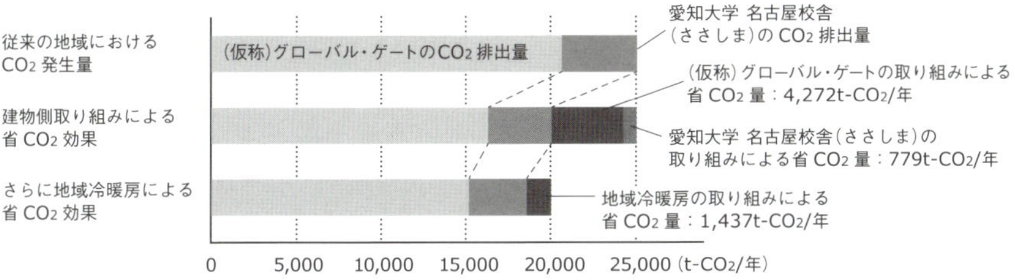

図1　CO_2削減量

(このページすべて出典:陸浦良一「ささしまライブ24地区地域冷暖房 開発の背景と設計に際しての考え方」、名古屋都市エネルギー、2012年)

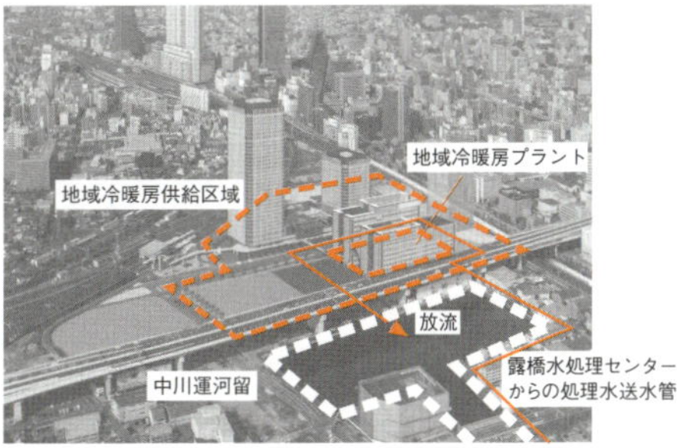

図2　ささしまライブ地区概要

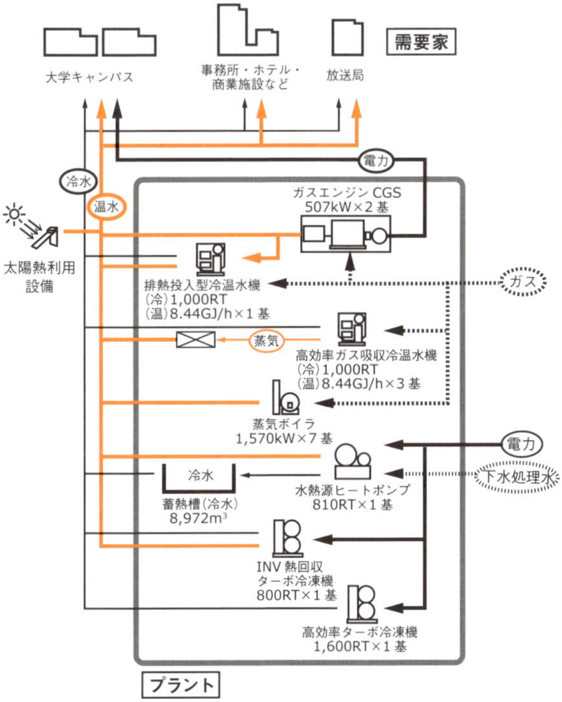

図3　システムフロー

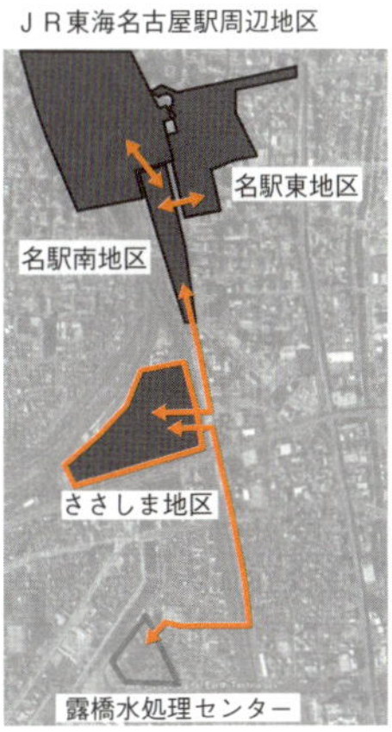

図4　熱源ネットワーク構想

8-1　国内編

10 田町駅東口北地区

スマートエネルギーネットワーク

場所
東京都港区芝浦
事業者
エネルギーアドバンス
(エネルギーサービス事業者)
供給開始
2014年(予定)
供給エリア面積
4万6,000m^2
供給延床面積
9万m^2 (3棟)
主要建物
公共公益施設、病院、児童福祉施設

多様な再生可能・未利用エネルギーを活用

東京都港区のJR田町駅東口北地区の再開発では、港区が「田町駅東口北地区街づくりビジョン」に基づき、官と民の連携により環境と共生した複合市街地を形成予定で、図1に示す公共公益施設、病院施設（愛育病院）、児童福祉施設が先行して整備される。

このエリアにおいて、スマートエネルギーネットワークのプロジェクトが2014年に供給開始予定で進行中である。そこでは、ガスエンジンコージェネレーション（CGS）、燃料電池CGS、高効率熱源機を中心とした熱、電力、情報のネットワークを構築し、出力の不安定な再生可能エネルギー・未利用エネルギーを安定的かつ効率的に最大限活用する計画である。

地区近傍の地下トンネルから排出されている水をプラントで、夏期は冷凍機の冷却水として、冬期は蒸気吸収ヒートポンプの熱源水として利用することにより、高効率な運転を実現する。また、電力のネットワークには、太陽光発電を連係し、その出力変動に応じてCGSの発電出力を制御することにより系統電力の平滑化を行うことを計画している。加えて、情報のネットワークを活用し、需要家とスマートエネルギーセンター（以下、SEC）が連携し、需要家の負荷状況により送水圧力、送水温度を自動的に変更することで省エネを図り、さらに建物側空調機とプラント熱源を最適に制御することにより、エリア内におけるエネルギーの最小化を実現する。

災害時対応としてのスマートBCP

また災害時対応として、エリアにおけるスマートBCP（Business Continuity Planning: 事業継続計画）の構築を行うことを計画している。これは災害時、建物が最低限必要とするエネルギーを確保するため、建物、スマート

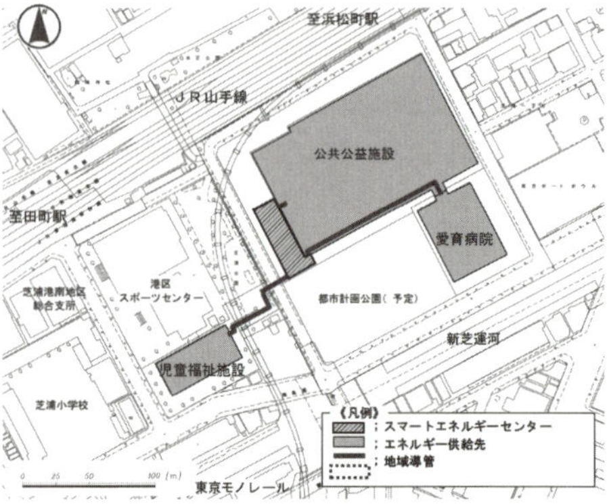

図1　田町駅東口北地区の地区概要
(この項目すべて出典：スマートエネルギーネットワークによる省CO_2まちづくり」『空気調和・衛生工学会大会学術講演論文集』2011年)

エネルギーセンターを含め、稼動できる機器、利用できるエネルギー源を判断し、負荷の優先順位に基づき、選択的・継続的に熱、電力のエネルギーを提供し、防災拠点としての機能を高めるものである。さらに将来、隣接街区に整備予定のプラントと連係し、2プラント間で熱の面的融通・相互バックアップを行う予定である。このように、スマートBCPを構築することでエネルギーセキュリティの高い付加価値のあるまちづくりをめざす。

効率化を図るスマートエネルギーセンター

この地区のSECでは、エリアに賦存する太陽熱や地下トンネル水の熱利用を最大限行い、また需要家側の要求に合わせるため冷房負荷対応として7℃冷水、暖房負荷対応として47℃温水、給湯・加湿負荷として782kPa蒸気の6管式供給・熱源構成とした。SECの機器構成として、高効率ガスエンジンCGSと燃料電池CGSを採用し、発生する排熱は再生可能エネルギーである真空式太陽熱パネル（設置面積約1,000 m^2（建物側設置分含む））の温熱と合わせ、蒸気吸収ジェネリンク（排熱投入型冷温水発生機）で冷水製造を行うなど、通年で有効活用する。またインバータターボ冷凍機などの電動系機器を採用することでベストミックス方式とし、エネルギー選択の多様性や安定供給、高効率化を実現する。図2にシステムフローを示す。また、冷却水温度を下げ、ターボ冷凍機の高

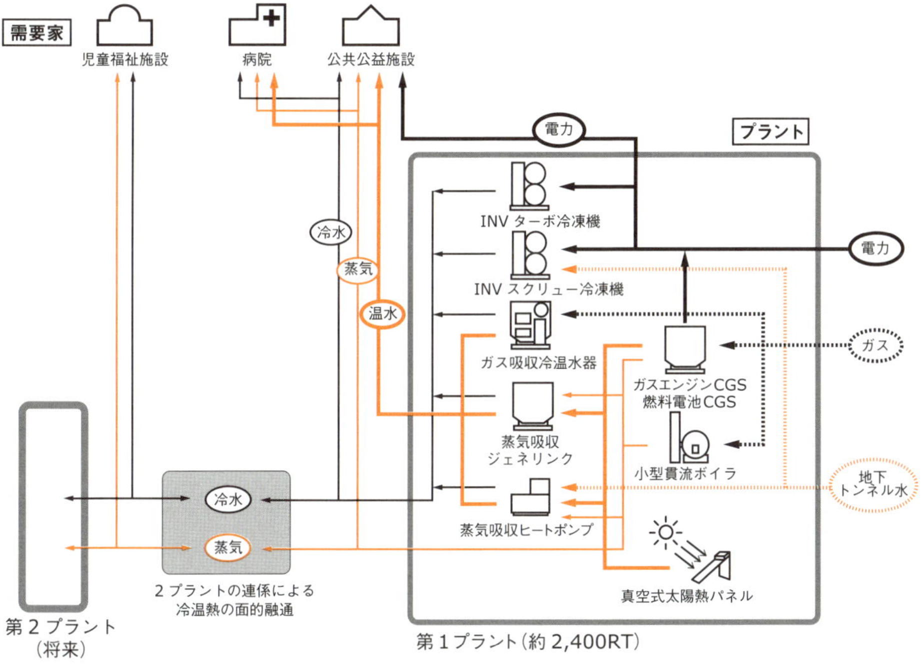

図2　システムフロー

効率運転を実現するため、吸収系とターボ系の冷却水竪管および冷却塔を 2 系統に分離している。

再生可能エネルギー・未利用エネルギーの有効活用

(1) 太陽熱利用

(ソーラークーリングシステム)

真空式の太陽熱集熱パネルにて 88℃の温水を回収する。この温熱を夏期は蒸気吸収ジェネリンクに投入して冷水利用し、蒸気の投入量を減らすことで省エネルギーを図る。また、冬期など温水負荷があるときは、暖房用温水として利用する。図３にソーラークーリングシステムを示す。

(2) 地下トンネル水の熱利用

エリア近傍の地下トンネルから排出されている水は、年間を通し 20℃前後と安定した温度レベルであるとともに、水量が安定し

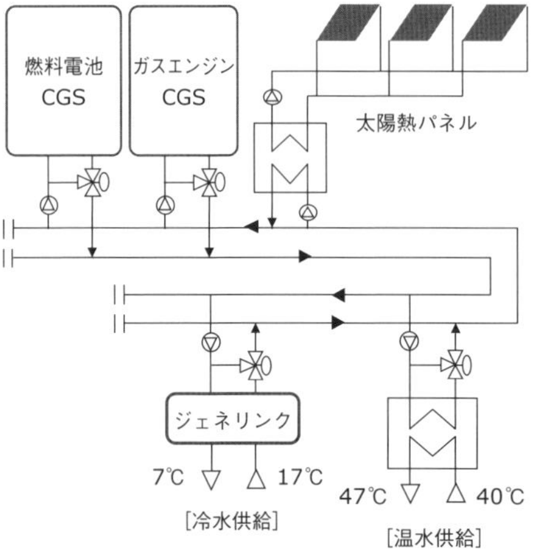

図3 ソーラークーリングシステム

(約 3,000m^3/日) ている。そこで夏期はスクリュー冷凍機の冷却水として、冬期は蒸気吸収式ヒートポンプの熱源水として利用するシステムを構築する。これにより、夏期のスクリュー冷凍機の効率は 5.5 から 8.1 に向上し、冬期は温水ボイラの効率 0.8 から蒸気吸収ヒートポンプの効率 2.3 へと熱製造効率の大幅向上が期待できる。

(3) PV (太陽光発電設備) 出力変動補完

公共公益施設には、再生可能エネルギーとして PV が約 120kW 計画されている。しかし、PV は日射強度により出力変動が激しい。そこで図４に示すように PV 出力変動を監視し、SEC 内に設置されたガスエンジン CGS により出力制御することで系統電力の平滑化を行う。

需要家とスマートエネルギーセンターとの連携

(1) 大温度差送水

一般的な地域冷暖房の冷水送水温度差 7℃差に対して、このエリアでは 10℃差とすることで、搬送動力を 30%減とする計画である。大温度差送水するにあたっては、計画段階より建物側とともに検討を行い、大温度差対応の空調機や二方弁の採用を検討し、実際に運用した場合に温度差が確保できるシステムの構築を行った。

(2) 変温度送水

一般的な地域冷暖房の冷水送水温度は 7℃である。このエリアでは負荷の少ない中間期や冬期、夜間の時間帯に送水温度を最大 2℃上げ 9℃で送水し、熱源機器の効率を向上さ

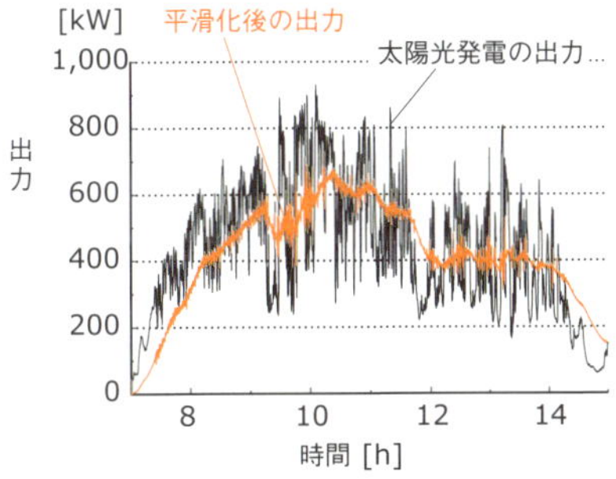

太陽光発電（約120kW）の出力変動をCGSなどによって安定化

図4　太陽光発電の出力制御

せる。一般的に電算負荷など、外気条件によらず年間一定の負荷がある場合については支障が生じる可能性があるが、9℃送水でも対応可能な機器選定を依頼するなどの対策を図っている。

（3）実末端圧制御

このエリアの建物側受入設備は間接受入を標準とし、間接受入の熱交換器への熱媒の循環に関わる搬送動力について極限まで低減するよう計画されている。すべての需要家の受入設備熱交換器廻りについて、常時熱負荷から必要差圧を算出し、最も揚程が必要な（最遠端な）需要家を特定するとともにSECからの送水量および揚程に見合った冷温水ポンプのインバータ制御を行う。

（4）ICTを活用した
　　建物二次側情報収集と連携制御

需要家の受入設備廻りと二次側空調機・ファンコイルユニット廻りの熱媒温度・流量情報・電力消費量などの情報を計測、需要家建物側BEMSを介しSEC内のスマートエネルギーマネジメントシステム（以下SEMS）にて収集・分析を行う。分析結果をもとにSEMSより不要な機器の停止や室内温度設定の変更などの制御を行うとともに、負荷予測や熱源運転の最適化を行うことによりエリア全体の高効率化を図る。

スマートBCP

このエリアの熱供給は、災害時の防災拠点となる公共公益施設や病院など重要施設があるため、SECより冷熱最大供給力の約1/3となる745RT分の冷熱を72時間分供給可能となるように非常用電源と補給水を確保した計画としている。また、SEC内のガスエンジンCGSは、日本内燃力発電設備協会（内発協）耐震評価認定ガス導管より都市ガスを供給するため、災害などの停電時においても、公共公益施設の保安負荷に対し電力供給を行える計画となっている。

また、災害時においてもSEMSを稼働することにより、非常用発電機起動後、限られた燃料の中で発電機の稼働時間を長くするために、使用状況を確認の上、重要度の低い電力負荷を切っていくことなどを行い、ICTを活用したスマートBCPの強化によるエネルギーセキュリティの向上と省エネ運転の実現を図る。

省エネ・省CO_2試算

(1) 試算条件

従来の地域冷暖房と今回のSECの機器構成および定格効率条件を表1に示す。従来の地域冷暖房は2000年頃に竣工した地域冷暖房を想定した。また、建物側熱負荷条件は変わらないものとし、冷水送水温度差は従来地域冷暖房にて7℃差、SECは10℃差とした。なお、従来地域冷暖房と同様、通年7℃固定として試算を行った。また、試算では第1プラントとその供給範囲のみで試算を行い、将来計画となる第2プラント試算および連係効果検証は行わない。

(2) CO_2排出量

図5にCO_2排出量試算結果を示す。従来DHCの3,455t-CO_2/年に対し、SECは1,617t-CO_2/年となり53%のCO_2排出量の削減となった。削減量1,838t-CO_2/年の内訳を分析すると、太陽熱の効果は削減量の3%の52t-CO_2/年、地下トンネル水の熱源水・冷却水活用は12%の228t-CO_2/年、建物とSECとの連携効果が15%の276t-CO_2/年、熱源やCGSの高効率化の効果が70%の1,282t-CO_2/年となった。

(この項目については、笹嶋賢一ほか「スマートエネルギーネットワークによる省CO_2まちづくり」『空気調和・衛生工学会大会学術講演賞論文集』2011年より引用)

表1 機器の構成および効率条件(試算条件)

名称		容量		基数	効率
		冷水(RT)	温水(MJ/h)		
スマートエネルギーセンター	ガス吸収冷温水機	500	4,104	2	COP_C=1.5、COP_H=0.97
	蒸気吸収ジェネリンク	500	0	1	COP_C=1.5
	蒸気吸収ヒートポンプ	245	2,434	1	COP_C=1.5、COP_H=2.3
	INVターボ冷凍機	500	0	1	COP_C=6.8
	INVスクリュー冷凍機	150	0	1	COP_C=5.5
	小型貫流ボイラ	3.0t/h		3	ボイラ効率=96%
	ガスエンジンコージェネレーションシステム	370kW		2	発電効率=40.5%
	燃料電池コージェネレーションシステム	100kW		1	発電効率=40%
	蒸気吸収冷凍機	800	0	2	COP_C=1.17
従来地域冷暖房	蒸気吸収冷凍機	400	0	2	COP_C=1.17
	温水吸収冷凍機	70	0	1	COP_C=0.70
	炉筒煙管ボイラ	4.0t/h		3	ボイラ効率=92%
	ガスエンジンコージェネレーションシステム	300kW		2	発電効率=33.9%

(注:COP_Hとは加熱COP、COP_Cとは冷却COPを表す)

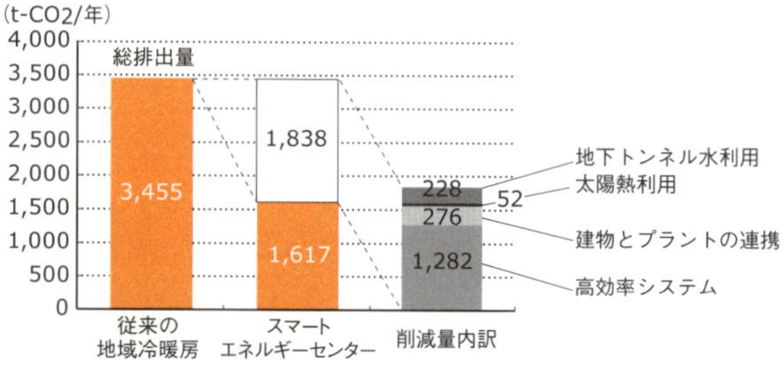

図5 CO_2排出量試算結果

エネルギーサービス事業

大規模建物や工場などでは、エネルギーシステムの導入に際してBCPや環境配慮、経費削減など検討要素を種々抱えており、3.11の大震災と原子力発電所事故を経て、より積極的な検討に取り組む動向がみられる。そうしたエネルギーシステムをサポートする事業形態には2000年の電力自由化以降、さまざまなものが展開されてきていおり、選択肢が広がっている。

エネルギーサービス事業（エネルギーサービスプロバイダ、ESP）とは、エネルギー供給に関して燃料の調達から発電設備の設置、運転管理保守まで包括的にサービスを行うことを指しているが、サービス事業者の形態や、建物所有者の状況や要望に応じてさまざまな契約形態がある。

なかでも、1970年代、米国でオイルショックを契機として誕生したESCO《エスコ》（Energy Service COmpany）事業は、わが国へも1990年代以降に導入がはじまったもので、省エネルギー改修に際し、建物所有者の省エネルギー効果（光熱費削減額などの利益）の一部を報酬として受け取るビジネスモデルである。この省エネルギー効果の保証を含む契約形態（パフォーマンス契約）により、顧客の利益の最大化を図ることができることから、ESCO市場は年々拡大しており、2007年度実績で省エネルギー改修工事（受注額637億円）のうち64％（406億円）がESCO事業となっている。

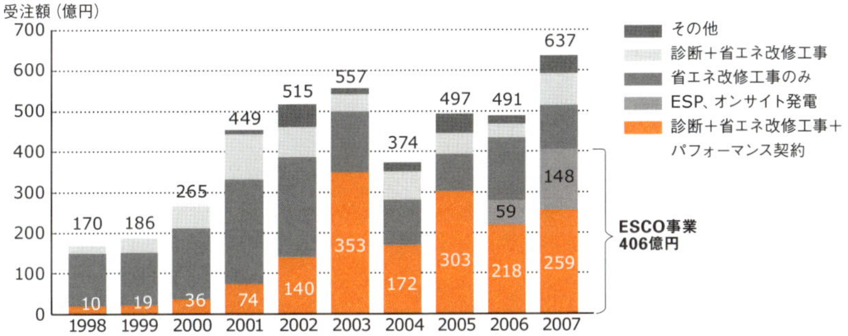

図　省エネルギー改修工事におけるESCO事業のシェア
（出典：ESCO推進協議会ウェブサイト）

8-1　国内編

11 東京スカイツリー地区

地中熱利用

場所
東京都墨田区押上
事業者
東武エネルギーマネジメント
供給開始
2009年10月（サブプラント）
2012年4月（メインプラント）
供給エリア面積
10万2,000m^2
供給延床面積
20万5,000m^2
主要建物
事務所、物販、飲食施設

世界最大の電波塔

東京スカイツリー地区は、下町の墨田区に位置する。634 mの東京スカイツリーは世界最大の自立式電波塔で、2012年5月に開業し、初年度3,200万人の来訪者を見込んでいる。本地区は敷地面積約3.7万m^2、延床面積約23万m^2で、東京スカイツリータウンとプラント事業者が連携して、CO_2排出削減による低炭素まちづくりをめざしている。

地中熱による初の地域冷暖房

この地区では、東京スカイツリーの展望台を除き、地域冷暖房による熱供給が行われている。地域冷暖房プラントは、東京スカイツリーと同敷地内にあるメインプラントと敷地から離れたサブプラントからなる。システムは、メインプラントのターボ冷凍機2基、インバータターボ冷凍機1基、ヒーティングタワーヒートポンプ3基、地中熱ヒートポンプ、水蓄熱槽、サブプラントのターボ冷凍機2基、温水ボイラ3基で構成されている。

このシステムの最大の特徴は、電力主体のシステムであり、大容量の蓄熱槽および規模は小さいが地中熱ヒートポンプを有していることである。この水蓄熱槽は、水深15 m、水容量で7,000m^3（25m プール約17杯分）にもおよぶ。蓄熱容量は、冷水260GJ、温水160GJである。蓄熱槽は、最大熱負荷が発生する昼間の電力消費量を小さくする役割があり、電力の負荷平準化に寄与する。

また、地中熱ヒートポンプの導入は、地域冷暖房においては日本初となる。地中熱ヒートポンプの特徴は、採放熱源として年間安定した温度である地中熱を利用することである。地中への採放熱は、地中に掘った穴に熱交換チューブを通して行われる。ここでは、基礎杭を利用した熱交換器（基礎杭の周囲に深さ15.6 mの10対のチューブを配置）と、地中熱利用のために掘った掘削孔（ボアホール、掘削径179mm、深さ120m、本数21本、ダブルUチューブ方式）によって、地中への採放熱が行われる。

省CO_2効果

計画時の試算では個別熱源方式と比較し、48％のCO_2排出削減が予測されている。また、一次エネルギー効率として1.35以上を見込んでおり、日本の地域冷暖房では最高レベルに位置する。ここでは、LCEM（Life Cycle Energy Management）ツールによるPDCAサイクル導入や「見える化」による地区全体のエネルギーマネジメントを行い、30％のCO_2排出削減を見込んでいる。

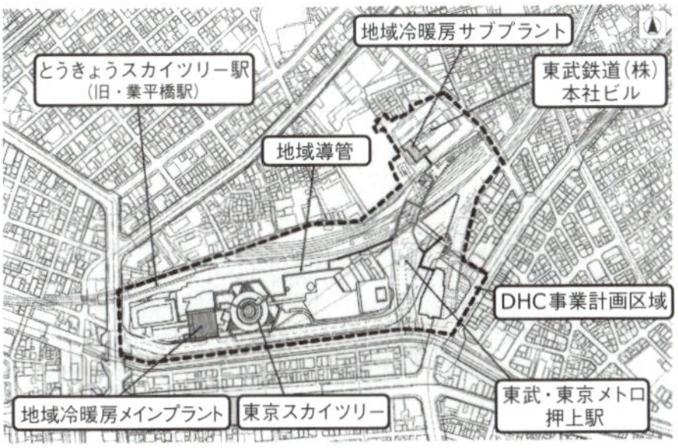

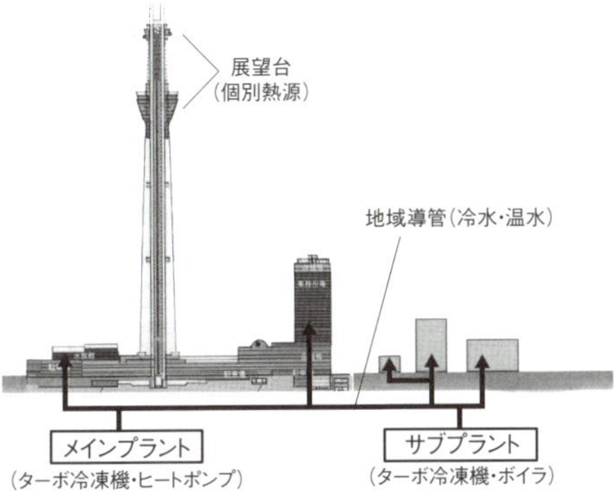

図1　東京スカイツリー地区概要
(出典:東武エネルギーマネジメント資料をもとに作成)

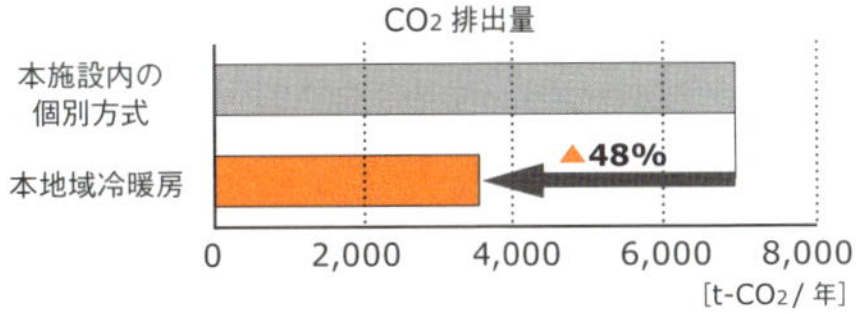

図2　CO_2削減効果
(出典:東武エネルギーマネジメント「東京都地域冷暖房セミナー資料」2012年3月)

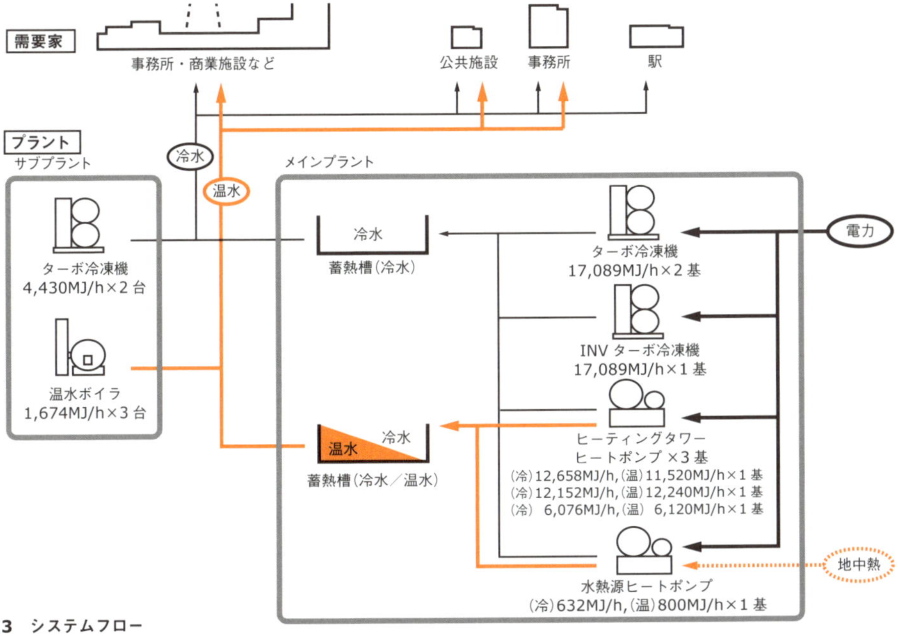

図3　システムフロー
(出典:東武エネルギーマネジメント「東京都地域冷暖房セミナー資料」2012年3月をもとに作成)

8-2　欧州編

1 Concerto マルメ

太陽熱・季節間帯水層蓄熱利用
ゼロエネルギー街区開発

Concerto

Concerto《コンツェルト》は欧州調査枠組み計画（European Research Framework Plan：EP6、EP7）に含まれる欧州委員会（EC：European Commission）の提案制度である。個別建物でエネルギー利用を最適化するよりも、すべてのコミュニティ（地域）単位で建物部門のエネルギー利用を最適化することの方が、より効率的でより廉価であることを実証することを目的としている。

Concertoは2005年に、23カ国22プロジェクト、58地区を採択し、補助金の交付を開始した。Concertoに採択されたプロジェクトは、以下の項目をモデル的に実証している。

・適用可能な革新的技術
・都市の再生可能エネルギー源の利用
・エネルギー効率化対策
・持続可能な建物、地区開発
・経済的アセスメント
・手頃な価格のエネルギー
・市民に対するエネルギーの透明性

Concerto提案制度は、都市と地域が、エネルギー効率と持続性の分野において、開発に際して主体的に正しい計画を立案することができる開拓者となることを大きな目標に掲げている。

Concertoのこれまでの成果は非常に有望であり、Concertoに採択された都市・地域は、再生可能エネルギー源の活用、革新的な技術および統合的アプローチの適用を通じて、既存建物が受容可能なコストで、そのCO_2排出量を50％以内に削減することができることを示した。

58のConcerto参加都市・地域は、より大きな集落（地区）において、分散している再生可能エネルギー源、スマートグリッド、コージェネレーションに基づいた再生可能エネルギー、地域冷暖房設備、およびエネルギーマネジメントシステムなどによる個々の本質的な効果に加えて、これらの統合化による革新的なエネルギー効率化対策の効果を実現している。

場所、気候および文化的な違い、地域の政治的側面の特性すべてを考慮に入れてプロジェクト参加都市・地域を設定することで、革新的な技術と対策の組み合わせにより、地域ごとに最適化を可能にするプロジェクトである。

Concertoに参加する都市・地域は、エネルギー消費ゼロのエネルギー・コミュニティーを実現するために、建物の刷新と同様に持続可能な地区開発のためのよりよい具体例、新しい現実的なモデルを実証している。この成果は今後、2020年のエネルギーおよび気象変動の目標設定、また2050年にむけてのエネルギー・ロードマップの作成に関するエネルギー政策への勧告を通して、将来のヨーロッパの立法への道を開くことが期待されている。

マルメ市プロジェクトの経緯と概要

スウェーデンのマルメ市・ボーノルエット（BO01）地区は、2001年に環境に配慮した未来型住居モデルを提示することを目的に開催された「ヨーロッパ住宅博覧会」会場がそのまま実際の街区となっている。博覧会にはヨーロッパ各国の建築家が参加、年間エネルギー消費量100kWh/m^2以下の基準で設計された1,300世帯の個性的な住宅が整備されている。街区には、集合住宅、戸建住宅のほかオフィスや学校、商業施設も整備され、コンパクトな街区がつくられている。

BO21地区は、再生可能エネルギーの積極的利用など多様な環境面への配慮を行っている。例えば、地域内のごみの収集は、地域内に整備されたごみ収集真空パイプによって行われ、街区内の収集管接続口（1カ所）からバキュームされ、ごみ焼却工場に運ばれている（写真1）。また、ヒートポンプ熱源として使用された海水は、街区内を流れる河川の水として利用されている（写真2）。

再生可能エネルギー利用100%をめざす

図1のように、地域内で消費されるエネルギーを地域内の再生可能エネルギーで賄うことを究極の目標としたエネルギーシステム

写真1·2　BO21街区内のごみ収集の様子。収集車が収集管に接続し吸い上げていく

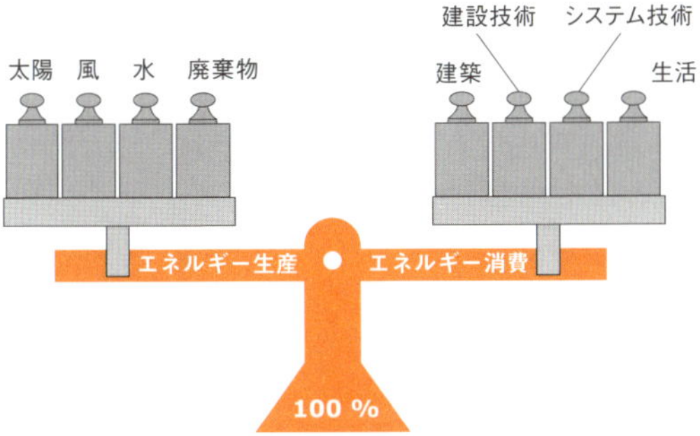

図1　再生可能エネルギー100%街区目標のイメージ

となっている（図 2）。熱供給の 85％は海水を熱源としたヒートポンプにより賄い、残りを 10 棟の建物の壁面や屋上に設置（民間建物にエネルギー会社である e-on が設置し運用している）した合計 1,400m^2 の太陽熱コレクター（写真 4）と、地域内で出される有機系ごみ（厨芥）の消化ガスによる熱併給発電によって賄っている（表 1）。また、地域の熱供給ネットワークはマルメ市の地域熱供給ネットワークと相互接続しているほか、熱は帯水層に蓄熱されている。この帯水層蓄熱は、街区の海側に深さ 90 m の冷水出入れ井戸が 5 本、200 m 離れた陸側に温水出入れ井戸が 5 本設置され、季節間の蓄熱を行っている（写真 4、図 3）。

一方、電力はヒートポンプで使用する電力も含めて、大部分を 3km 離れた洋上の 2MW 風力発電で賄っている。正確には街区内で自給していることにはならないが、「BO21 地区に属しているに十分に近い距離」と解釈している。

2004 年度の実績で電力、熱合わせて 11.3GWh のエネルギーが生産されたのに対して、街区内の消費は 13.4GWh であった。よって、再生可能エネルギーでの街区エネルギー自給率は約 84％であり、目標の 100％には達していないが、野心的、挑戦的なプロジェクトである。

ステークホルダーの関係

マルメ市 BO21 地区の「再生可能エネルギー 100％街区」プロジェクトは、マルメ市（都市再開発部局、エネルギー供給部局）と e-on 社が強く連携してプロジェクトが推進されており、EU および国も資金提供し、サポートしている。

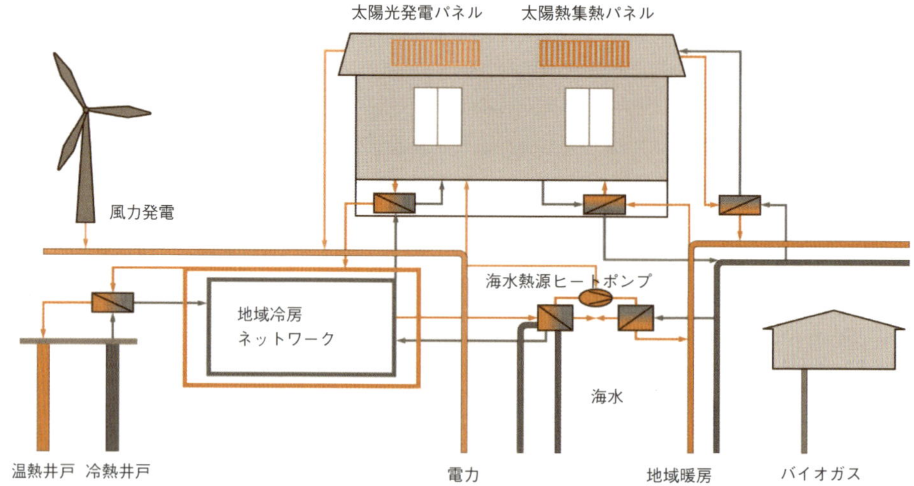

図 2　マルメ市熱供給システムフロー

写真３　商業施設壁面に設置された真空式太陽熱コレクター

写真４　商業施設南面に庇状に設置された太陽熱コレクター

写真５　帯水層
（写真５および図３出典：マルメ市BO21地区資料）

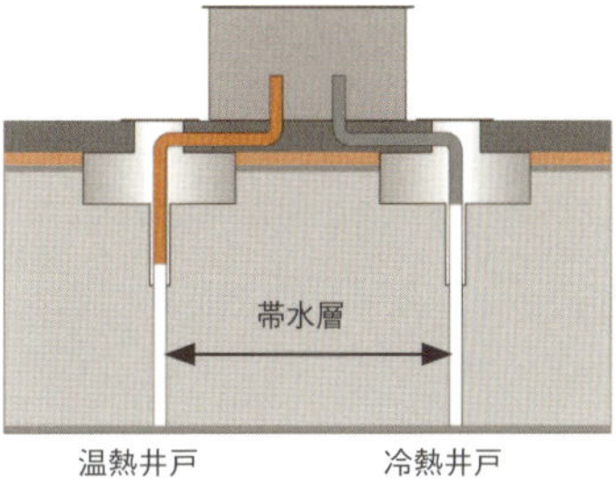

図３　帯水層による季節間蓄熱（深さ90 m）

表１　エネルギー供給量の構成

エネルギーシステム		供給の割合
電力	2MW の風力発電（3km 離れた洋上）	99.8%
	120m^2 の太陽光発電	0.2%
熱	海水熱源・地中熱源ヒートポンプ	85.0%
	1,400m^2 の太陽熱コレクター	12.0%
	有機系ごみの消化ガスによる CHP（熱併給発電所）	3.0%

8-2　欧州編

2 Annex51（IEA 国際共同研究）

エネルギー効率の高いコミュニティ

IEA(International Energy Agency: 国際エネルギー機関）では、研究課題ごとに時限的な国際研究グループ (Annex) を組織して調査研究に取り組んでいる。街区や都市のスケールで高いエネルギー効率の実現をめざし、技術・政策両面からの調査研究を目的とした51番目のAnnexが2008～2012年に設置された。

テーマは、“Energy Efficient Communities（エネルギー効率の高いコミュニティ）Case Studies and Strategic Guidance for Urban Decision Makers （都市の意思決定者のためのケーススタディと戦略的ガイドライン）”で、IEAでは最初で唯一の、都市・地域エネルギーシステムに関するAnnexである。今後、建築単体ではなし得ないレベルの省エネルギー・省CO_2の実現が求められるわが国において「面的なエネルギー利用」の推進が期待される中、同じ方向性をもつ先進的な取り組みである。このAnnexは、技術面のみならずコミュニティのさまざまなステークホルダーの合意形成や誘導施策について、ケーススタディを通じて方法論を共有し、推進策の提言につなげることをめざしている。

全体のまとめ役はドイツのDr. Reinhard Jank（ドイツ国民住宅供給公社）が務めている。目的や参加国などをまとめたものが表1である。日本もAnnex51日本委員会を組織して、この活動に参加している。

本成果の活用や提言の対象は、エネルギーシステムの設計者よりもむしろ行政担当者や都市計画に関する意思決定者としており、最終成果物としてCommunity Energy Concept Adviser（CECA：コミュニティ・エネルギー・コンセプト助言集）がまとめられる。

このAnnexには図1に示すとおり4つのSubtaskグループがある。Subtask Aは、すでに完成して運用を開始している最新プロジェクトのレビューと計画者むけのコンピュータプログラムツールに関する最新の情報をまとめている。Subtask Bは、街区スケールの省エネルギー計画で、現在進行中、あるいは近いうちに運用開始する最新のプロジェクトをケーススタディとしてまとめている。Subtask Cは、都市スケールのエネルギーマスタープランとCO_2削減対策をケーススタディとしてまとめている。Subtask Dでは本Annexの成果を広く普及させるために報告書としてガイドブックを作成、また計画者むけの意思決定支援ツールの開発、ウェブページなどによる成果の公開を担当している。

ガイドブックではSubtask B、Subtask Cの総括として、ケーススタディの概要、分類、ケーススタディの評価から考察される意思決定プロセスにおける重要なポイント・課題、プロジェクトの遂行の障害となるバリアなどについての解説がまとめられている。このように、ハード、ソフト両面にわたって幅広く先駆的な事例を整理し、各事例から得られた知見を共有し、相互に広く活かそうとする本Annexの取り組みは、大変有意義といえる。

表1　Annex 51の概要

項目	内容
正式名称	Energy Efficient Communities（エネルギー効率の高いコミュニティ） Case Studies and Strategic Guidance for Urban Decision Makers （都市の意思決定者のためのケーススタディと戦略的ガイドライン）
期間	2008～2012年（準備会議を含む。正式発足は2009年1月）
目的	エネルギー面で効率的なコミュニティ形成のための街区レベル、あるいは都市・ 地域レベルでの長期的な省エネ、省CO_2戦略と継続的な最適化デザインを考える
参加国	カナダ、フィンランド、デンマーク、フランス、ドイツ、日本、オランダ、 スウェーデン、スイス、米国、オーストリア

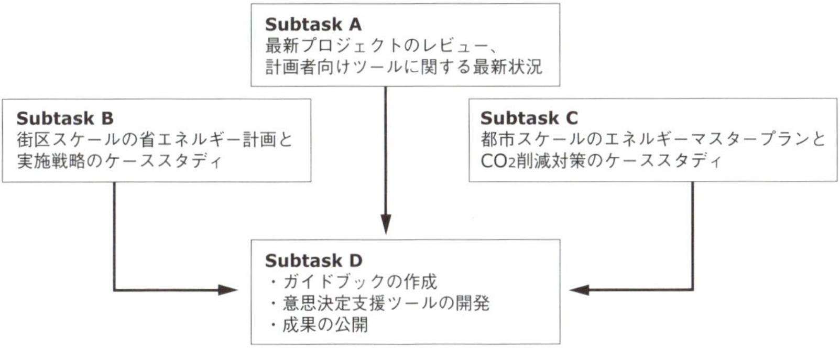
Subtask A
最新プロジェクトのレビュー、
計画者向けツールに関する最新状況
Subtask B
街区スケールの省エネルギー計画と
実施戦略のケーススタディ
Subtask C
都市スケールのエネルギーマスタープランと
CO2削減対策のケーススタディ
Subtask D
・ガイドブックの作成
・意思決定支援ツールの開発
・成果の公開

図2　Annex 51のSubtaskの構成

写真1　Annexのケーススタディ地区、Bad Aibling（ドイツ）の改修事業

（この項目出典：佐土原聡「IEAにおける建築環境・省エネルギー関連の研究活動」『IBEC』No.169、Vol.29-4、2008年11月）

8-2　欧州編

3 コペンハーゲン

都市規模のエネルギーネットワーク

広域熱供給ネットワーク成立の歴史

デンマークの地域熱供給の歴史は長く、1925年にガス供給事業者であるCopenhagen Energy社がコペンハーゲンで供給を開始したのが最初である。当初は、複数の街区単位（地区規模）の小規模の熱供給事業が行われていたが、1970年代のオイルショックを契機として、1976年以降に新設された火力発電所はCHP（熱併給発電所）化が義務づけられ、1979年のHeat Supply Act（熱供給法）で自治体に対して特定地区の地域熱供給の整備および本地区内の家庭用需要家の接続義務を課すことが決定してからは、広域で熱を有効活用するネットワーク化が進んだ。1984年にコペンハーゲン市はCopenhagen Energy社とともにエネルギー計画“Heat Plan Copenhagen”を策定し、市内の建物に対して熱供給ネットワークへの接続義務を課した。これにより、中心市街地での地域熱供給ネットワーク拡大への継続的な事業投資が可能となり、1984年に広域の熱搬送会社（Heat Transmission Company）としてCTR社とVEKS社が設立された。CTR社担当のコペンハーゲン市内には54kmの広域熱供給ネットワークが整備され、コペンハーゲンに隣接する東西約40km以上にもおよぶVEKS社のネットワークと相互連携している。

トランスミッションラインとCHP

デンマークの熱供給事業は、熱生産、熱搬送、熱配給の3層で構成される。熱生産（Production）のベースはごみ焼却場の排熱で、生産量の大部分はDONG Energy社やVattenfall社などのCHPでの生産である。CTRなどの熱搬送会社は、これら熱生産会社から熱を買い取り、トランスミッションラインを通して熱を需要地まで120℃～140℃で搬送している（還りは約50℃）。

電力市場Nord PoolとCHPプラントの連携

Nord Poolは1993年に世界で初めて設立された多国間共通電力取引市場である。デンマークのCHPプラントの運用ではこのNord Poolの市場価格は重要な要素となっている。デンマークでは電力生産量の20％程度が風力発電であり、その大幅な発電量の変動をバックアップし、電力の需給バランスを調整する役割をCHPが担っている。風力発電が減少する時間は市場価格が高くなるためCHPでの発電量を増やし、逆に市場価格が低いときには発電量を抑える。ゆえにCHPで併産される熱は、熱需要と必ずしもバランスしないために、大規模な蓄熱槽（Heat Accumulator）を備えて柔軟性を担保している。

バイオマスCHPプラント

CHPプラントでは石炭や石油などの化石燃料から再生可能エネルギーへの燃料転換も進んでいる。DONG Energy社のAvedore発電所の2号機は、ウッドペレット、天然ガス、石炭が燃料として混焼でき、ウッドペレットは混焼割合が75％まで可能である。また藁専用ボイラの蒸気も使用可能となっている。

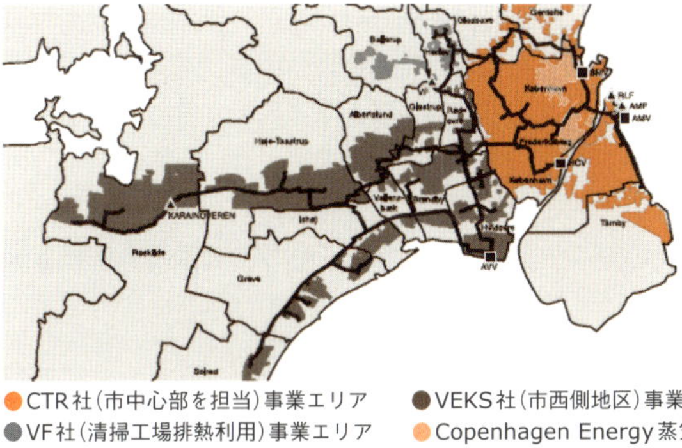

図1　コペンハーゲン周辺の地域熱供給ネットワーク（出典：DONG Energy社資料）

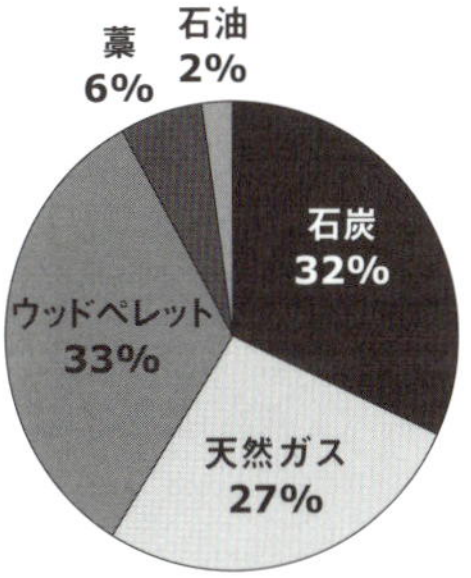

図2　Avedore CHPプラントの燃料比率

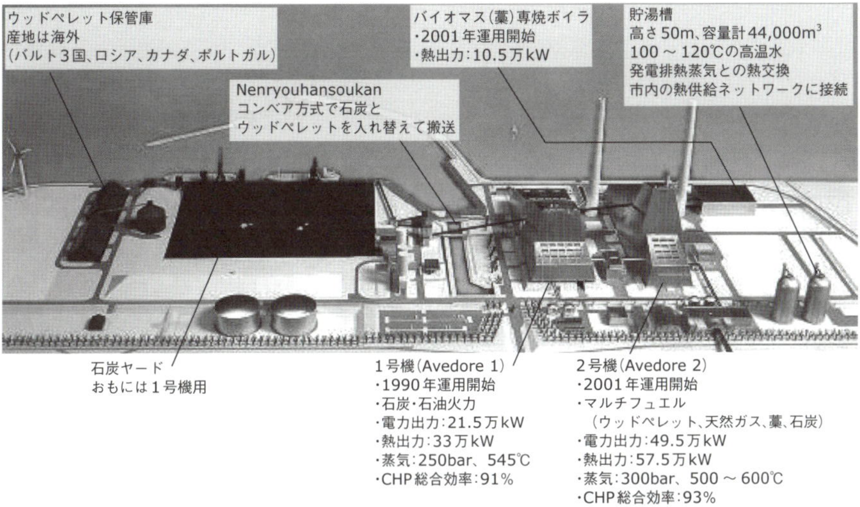

2号機プラントから見た貯湯槽
高さは約50m、容量計44,000m³
電力市場価格と連動して運用

バイオマス（藁）燃料の輸送
1つ500kgの藁のブロックを1時間に
50個投入する

コントロールセンター
1号機と2号機を1カ所で管理
（プラント全体では130人が勤務）

図3　Avedore CHPプラントの全体概要と特徴的施設
（出典：工月良太ほか「欧州における広域的な低炭素エネルギー面的利用の形成動向」月刊『省エネルギー』省エネルギーセンター、2011年7月号）

8-2　欧州編

4 英国の取り組み

熱配管への接続義務など

英国の低炭素型都市づくりの方向性

英国では、二酸化炭素排出量削減の目標値を2050年に1990年比80％を掲げている。積極的な再生可能エネルギーの導入を進める一方で、都市づくりにおける低炭素型都市づくりを都市計画権限を用いて、積極的に進めている。ここでは、都市づくりにおける低炭素化の方向性を説明する。

英国では、個別開発の方向性の提示のために、中央政府がPPS（Planning Policy Statement）と呼ばれるガイドラインの策定を行っている。低炭素型都市づくりに関連するガイドラインは2つあるため、それらについて簡単に説明しておく。PPS 1（サステイナブル・デベロップメント）では、気候変動に影響を与えない開発のための政策立案、都市開発が排出量削減、再生可能エネルギー施設の立地、デザインについて考慮することといった指導が行われ、PPS 2（再生可能エネルギー）では、広域都市圏としての再生可能エネルギー導入の目標値の設定、モニタリングの実施、大規模敷地における再生可能エネルギー導入計画の計画立案と開発誘導、個別開発における都市計画権限を用いた再生可能エネルギー設備の導入などが指導されている。中央政府の方針はきわめて簡単なガイドラインに留まるが、これらを受けて自治体が個別都市計画の立案を行うことになる。

なお、英国における都市計画権限はきわめて大きく、土地建物の開発、電気工事、掘削などの土木工事、用途転換を含む開発事業がすべて「開発」と定義され、計画許可が必要となる*1。計画許可は、自治体の策定するデベロップメント・プランに基づき審査される。

ロンドン・プランにみる低炭素型都市づくり

ロンドン市（GLA：Grater London Authority）は、英国で唯一公選制市長と議会をもつ広域行政であり、32のロンドン特別区（borough）と金融街のシティ・オブ・ロンドンで構成される。広域都市計画であるロンドン・プランに低炭素型都市づくりの政策をみると、A「個別開発」、B「面的都市づくり」の考え方がある。まず「個別開発」の特徴としては、①開発における協議として、省エネ（Lean）、地域エネルギーの活用（Clean）、再エネ（Green）の3段階で調整を行うこと、②敷地内で二酸化炭素排出量削減を求めることがこれまで中心的に進められてきた。ロンドン市は大規模開発事業での事前協議を奨励しており、シティでは延床3万m^2以上、セントラルロンドンで2万m^2以上、郊外部では1.5万m^2以上、および500戸、敷地10ha以上の開発がロンドン市長との事前協議対象とされている。計画のモニタリングも外部実施されており、都市計画の計画権限を用いた低炭素化の推進が、一定程度の効果があったものと評価されている*2。

2011年のロンドン・プランでは、③2025年までにロンドンの熱需要の25％を分散型エネルギーからとすることが位置づけられており、そのために積極的に導管への接続が想

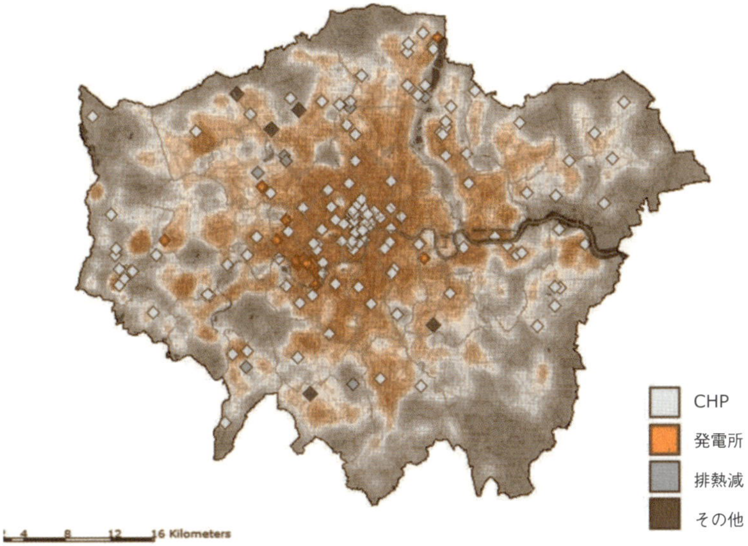

図1　ロンドン・ヒートマップにみる分散化エネルギー施設の立地資料
（出典：http://www.londonheatmap.org.uk）

定されている。さらに、導管接続は、都市計画権限を用いて進めていくことが指導されている。ロンドン市では、分散型エネルギーの活用をさらに進めるためにロンドン・ヒートマップと呼ばれるサイトをつくり、地方自治体のエネルギー戦略、政策立案、民間企業での活用によって、さらに低炭素化を進める方針にある。このプログラムでは、コジェネ施設、発電所などの熱源の立地が明らかにされている（図1）。

「面的都市づくり」は、前市長のケン・リビングストンの時代にはエネルギー・アクション・エリアという名称で、地域更新に合わせた低炭素化が進められてきた。このプログラムは、二酸化炭素排出量のゼロ成長を目標に、省エネルギー、再生可能エネルギーの導入、コージェネレーション・プラントへの接続などを面的に計画するものであった。現市長のボリス・ジョンソンは、低炭素ゾーン（Low Carbon Zone）というプログラムを2009年から2012年までに実施、20.12％の排出量削減を1,000前後の建物を対象に行う10地区を指定している（表1および図2）。このプログラムは、面的再開発などはともなわないため、省エネ診断、LED照明などの配布、スマートメーター、通りごとの省エネ推進の競争、個別建物への断熱材の導入などを中心に行っている。地域全体の省エネ化が目的であるが、結果的に地域コミュニティの活性化、省エネ診断を実施するための雇用者の創出など、低炭素社会構築を基軸にした幅の広いプログラムとなっている。中間報告をみる限り、指定された10地域では多くの事業プログラムが実施され、2012年に目標達成がほとん

表1　低炭素ゾーンの概要
（出典：村木美貴「ロンドンにおける低炭素型都市づくり」『都市計画』日本都市計画学会、第288号、pp.49-52、2010年）

自治体	2012年目標値	パートナー	用途				建物数	面積	CO_2削減の方針				
			住宅	商業	地域ビジネス	公共			効率化	再生可能エネルギー	メーター	教育	交通
Harringey	20.12%	7	○		○	学校	840	-	○	○		○	
Islington	20%	7	○	○	○	学校	700	69ha	○	○	○	○	
Westminster	29%	6	○		○		1,336戸	45ha	○		○		
Barking	20.12%	7	○	○	○	学校	6,300戸	48ha	○	○	○	○	○
Richmond	28%	5	○	3SC		学校、図書館等		125ha	○	○	○	○	
Merton	30%	8	○		○		993	30ha					
Sutton	20.12%	5	○		○	コミュニティセンター		19ha	○	○	○	○	
Lambeth	20.12%	8	○	○		○	721		○	○		○	○
Southwark	20.12%	5	○		○		238	14.6ha	○	○	○	○	
Lewisham	20.12%	9	○			病院、消防署等			○		○		

図2　低炭素ゾーンの指定地域

どの地域で達成される方向性にある。

メートン・ルール

ロンドン市の②の政策が敷地ごとの二酸化炭素排出量削減を求めるルールであることは先に説明したが、こうした政策は、ロンドン郊外のメートン区からはじまった。メートン区の政策は当初、住宅を除く$1,000m^2$以上の開発で、想定されるエネルギー量の10％を敷地内で再生可能エネルギーを用いて創出する、というものであった。このように、特定規模以上の開発と割合を指定して二酸化炭素排出量削減を開発審査によって実現する方法を総称して、メートン・ルールと呼んでいる。メートン・ルールはロンドン市内の多くの行政で導入されるにいたっている。

カムデン区にみる導管接続方針

カムデン区では、ロンドン全体での分散型エネルギーの活用方針を受けて、2011年より開発事業に応じてエネルギープラント周辺での導管接続義務を課すこととしている。その方法は、コージェネレーション・プラントの500 m以内と1km以内の開発について導管接続の条件をつけるというものである（図3）。①プラントから500 m以内の開発では、ネットワークの接続が求められる。さらに、開発時点でプラントが未整備の場合、熱交換機などの設置空間の確保、敷地境界までの導管敷設が求められる。② 1km 以内の開発で、3 年以内にプラント整備が検討されている地域では、ネットワークへの接続アセスメント、接続しない場合での理由の明確化と負担金の提供が求められる。負担金は開発規模により異なり、床面積 300m^2 ごとに 2,500 ～ 8,600 ポンドが要求される（表 2）。こうした導管接続と負担金は、都市開発プロセスの中で実現化していくことになる[*3]。

2011 年 11 月現在、こうした導管接続義務を基礎自治体の都市計画の中に位置づけている行政は 3 自治体に限られるものの、上位行政であるロンドン市が積極的に分散型エネルギーの利用促進を進めているため、今後こうした行政が増加するものと考えられる。

以上、英国の低炭素型都市づくりの取り組みを簡単に説明した。単体開発から面的開発にいたるまで開発事業を通じて低炭素化を都市計画規制を通じて実現化しているのが英国の方法である。こうした取り組みが実現化していくのは、都市計画と環境政策、エネルギー工学、異なる分野の連携であることを忘れてはならないことを最後に強調しておきたい。

表 2　カムデン区にみる開発規模に応じた導管負担金

開発規模	住戸数、300m^2 ごとの価格（ポンド、非住宅）
20 階以上	2,800
8-20 階	2,500
5-7 階	2,800
3-4 階	4,100
2-3 階	5,300
戸建、平屋商業開発	8,600

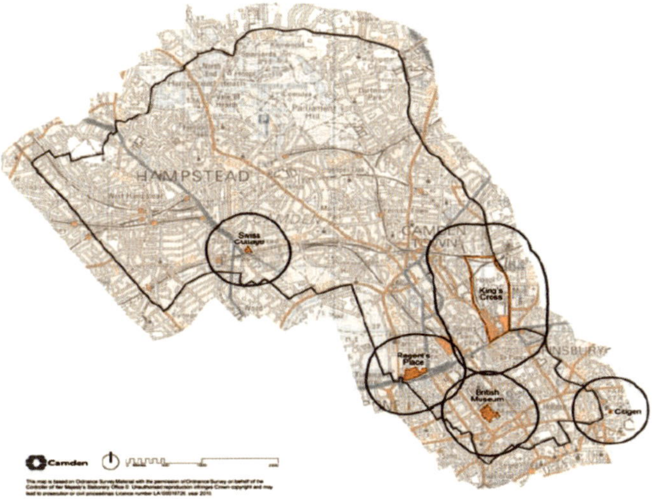

図 3　プラントから 500 m 内の導管接続義務エリアの指定
（出典：LBCamden, 2011, Camden Planning Guidance, Sustainability）

注：*1 Town and Country Planning Act 1990、Part Ⅲ
*2 GLA, 2009, Monitoring the London Plan Energy Policies- Phase 3
*3 LBCamden, 2011, Camden Planning Guidance, Sustainability

参考文献

尾島俊雄ほか『新建築学大系9 都市環境』彰国社、1982年
彰国社編『建築大辞典第2版』彰国社、1993年
北山直方『絵とき　熱力学の優しい知識』オーム社、1989年
田中俊六『省エネルギーシステム概論』オーム社、2004年
都市環境学教材編集委員会編『都市環境学』森北出版、2003年
エネルギーの面的利用導入ガイドブック作成研究会
　『エネルギーの面的利用導入ガイドブック』2005年
日本熱供給事業協会『熱供給事業便覧』2012年度版
空気調和・衛生工学会
　『都市ガスによるコージェネレーションシステム計画・設計と評価』1994年
田中俊六監修ほか『最新建築設備工学』井上書院、2010年
小林重敬『都市計画はどう変わるか』学芸出版社、2008年

単位について

SI単位の導入にともない、圧力や仕事にPa（パスカル）、J（ジュール）を用いるのが基本であるが、冷凍機などの機器能力、蓄熱層の熱容量などといった設備機器には慣例的な単位が用いられることが多い。

圧力

1bar（バール）= 1×10^2 kPa

1kgf/cm^2 = 9.80665×10kPa

仕事・エネルギー・熱量

1 kcal = 4.186 kJ

1 kWh = 860 kcal = 3,600 kJ

1 RT = 3,024 kcal/h　（冷凍機能力、米国冷凍トン〈USRT〉*）

1 t/h = 538.8 Mcal/h = 2,255 MJ/h　（ボイラ能力）

1 J/s = 1 W

1 J = 1 W・s

1 N・m = 1 J

＊注：1RT（冷凍トン）とは1日(24時間)に0℃の水1トンを氷にするために除去すべき熱量のことである。日本冷凍トンと米国冷凍トンがあるが、キログラムトン（＝メートルトンともいう：metric ton) =1,000kgが日本冷凍トンで、米トン(short ton)=907.2kgを用いるのが米国冷凍トン。米国冷凍トンの方が慣用的に用いられることが多く(区別する際にはUSRTと記す)、本書でRTと記したものはすべて米国冷凍トンを表している。

単位の接頭語

キロ(k) = $\times 10^3$

メガ(M) = $\times 10^6$

ギガ(G) = $\times 10^9$

テラ(T) = $\times 10^{12}$

ペタ(P) = $\times 10^{15}$

あとがき

2011 年 5 月、突然、大学時代の研究室の後輩で出版社に勤める久保田昭子さんからスウェーデンに海外出張中の私に、出版企画についてメールをいただいたのが本書執筆のはじまりであった。スウェーデンで IEA（国際エネルギー機関）に設けられた「エネルギー効率の高いコミュニティ」に関する研究グループ（Annex51）の会議への出席が出張の目的であり、メールの内容に深く関係していた。

彼女のメールには、3.11 の大震災、原発事故によって、いままさに身近な生活を支える都市のエネルギーシステムについてあらためて広く考える時期を迎えていること、安全性はもちろんのこと、環境配慮にむけたさまざまな技術、叡智、データが本書のテーマである都市・地域エネルギーシステムのジャンルに蓄えられてきており、実際の生活への貢献が大きいにもかかわらず、ユーザーの側からは「設備」とひとくくりにされ、ブラックボックス状態でよく理解されないこと、したがってこの分野を体系的に、できればイメージをつかみやすくビジュアルに学べる本が望まれていることが、静かに、しかし強く訴えるように書かれていた。

久保田さんの思いに大いに共感を覚えた私は、帰国後、早速、出版にむけた打ち合わせの機会をもつことになった。それから約 1 年半、私の出身研究室の仲間、私が現在勤めている大学出身の若手研究者らとともに執筆グループを構成し、議論をしながら執筆を進め、ようやく出版にこぎつけることができた。

本書に書かせていただいたとおり、都市・地域エネルギーシステムの分野は、生活・活動の場に近いところでエネルギーの供給と需要をとらえて、システムのあり方を計画・デザインする、重要な役割を担っている。その重要性にもかかわらず、それを支える人材が大きく不足している。本書を入口に、若い人たちをはじめ、できるだけ多くの方々に興味をもってもらい、この分野を支えていっていただきたいと願う次第である。

最後に、日本の地域冷暖房の誕生から今日までずっと先頭に立って牽引して来られ、この分野の研究について指導いただいている恩師の早稲田大学名誉教授・尾島俊雄先生、本書の企画から執筆、進行管理、原稿の校正にいたるまで大変お世話になりました鹿島出版会の久保田昭子さん、そして本書に資料を提供いただきました多くの皆様に感謝申し上げます。

2012 年 11 月　著者代表　佐土原 聡

著者・執筆者紹介

代表:佐土原 聡(さどはら・さとる)

1958年宮崎県に生まれる。1980年早稲田大学理工学部建築学科卒業。1985年早稲田大学大学院理工学研究科建設工学専攻博士課程単位取得退学。早稲田大学助手、ベルリン工科大学都市・地域計画研究所客員研究員、1989年横浜国立大学工学部助教授、2000年同大学院工学研究科教授を経て、2011年より同大学院都市イノベーション研究員教授、横浜国立大学大学院環境情報研究院教授、工学博士。おもな著書に『時間空間情報プラットフォーム』(編、東京大学出版会、2010年)、『里山創生』(編、創森社、2011年)。【執筆:第I部(1～3章)、6-1、6-5(2)、7-2、8-1-10、8-2-②】

村上 公哉(むらかみ・きみや)

1962年愛媛県に生まれる。1985年早稲田大学理工学部建築学科卒業。1991年早稲田大学大学院理工学研究科建設工学専攻博士課程修了。日本学術振興会特別研究員、早稲田大学理工学研究センター講師・助教授、芝浦工業大学工学部建築工学科助教授を経て、2005年より同教授、工学博士。おもな著書に『環境に配慮したまちづくり』(早稲田大学出版部、2000年)など。【執筆:5-3、6-3(1)、6-4(3)、7-1、8-1-④、8-1-⑥】

吉田 聡(よしだ・さとし)

1972年熊本県に生まれる。1995年横浜国立大学工学部建設学科建築学コース卒業。2000年横浜国立大学大学院工学研究科計画建設学専攻博士課程後期修了。2001年横浜国立大学大学院環境情報研究院講師、2004年同助教授を経て、2011年4月より横浜国立大学大学院都市イノベーション研究院准教授。博士(工学)。おもな著書に『建築の次世代エネルギー源』(共著、2002年、井上書院)がある。【執筆:6-3(2)、8-1-⑤、8-1-⑦、p.113、8-2-①、8-2-③】

中島 裕輔(なかじま・ゆうすけ)

1972年東京都に生まれる。1995年早稲田大学理工学部建築学科卒業。2000年早稲田大学大学院理工学研究科建設工学専攻博士課程単位取得退学。早稲田大学理工学総合研究センター助手、同センター講師、日本学術振興会特別研究員、工学院大学工学部建築都市デザイン学科講師を経て、工学院大学建築学部まちづくり学科准教授。博士(工学)・一級建築士。おもな著書に『ZED Book――ゼロエネルギー建築縮減社会の処方箋』(鹿島出版会、2010年)、『都市環境学』(森北出版、2003年)、『完全リサイクル型住宅Ⅰ～Ⅲ』(早稲田大学出版部、1999～2002年)など。【執筆:6-2、6-4(1)、6-5(1)、8-1-②、8-1-⑧】

原 英嗣(はら・えいじ)

1975年東京都に生まれる。1997年早稲田大学理工学部建築学科卒業。2003年早稲田大学大学院理工学研究科建設工学専攻博士課程修了。早稲田大学理工学部助手、国士舘大学工学部建築デザイン工学科講師を経て、国士舘大学理工学部理工学科建築学系准教授。博士(工学)。おもな著書に『ビル空調のエネルギー環境・設備のための統計解析』(共著、オーム社、2006年)など。【執筆: 4-1、5-1～2、6-4(2)、8-1-①、8-1-③、8-1-⑨、8-1-⑪】

村木 美貴(むらき・みき)

1991年日本女子大学大学院家政学研究科修了。三和総合研究所を経て、1997年横浜国立大学大学院工学研究科博士課程修了。東京工業大学大学院助手、オレゴン州立ポートランド州立大学客員研究員、千葉大学工学部助教授を経て千葉大学大学院工学研究科准教授。工学博士。おもな著書に『エリア・マネジメント』(小林重敬編、学芸出版社、2005年)など。【執筆: 8-2-④】

都市《とし》・地域《ちいき》エネルギーシステム

2012年11月30日 第1刷発行

共著者　佐土原《さどはら》 聡《さとる》・村上《むらかみ》 公哉《きみや》・吉田《よしだ》 聡《さとし》・中島《なかじま》 裕輔《ゆうすけ》・原《はら》 英嗣《えいじ》

発行者　鹿島 光一

発行所　鹿島出版会

〒104-0028　東京都中央区八重洲2-5-14

電話03-6202-5200　振替00160-2-180883

印刷・製本　壮光舎印刷

装丁　石田秀樹

ジャケットイラスト　横木真理子

本文デザイン　舟山貴士

作図スタッフ　佐々木勇貴

ISBN 978-4-306-07298-5 C3052

本書の内容に関するご意見・ご感想は下記までお寄せ下さい。

URL: http://www.kajima-publishing.co.jp/

e-mail: info@kajima-publishing.co.jp